奇妙的
动植物世界

生物百科

动物中的建筑高手

王　建 编著

中州古籍出版社

图书在版编目(CIP)数据

动物中的建筑高手 / 王建编著. —郑州 : 中州古籍出版社, 2016.2
ISBN 978-7-5348-5964-9

Ⅰ. ①动… Ⅱ. ①王… Ⅲ. ①动物-普及读物 Ⅳ. ①Q95-49

中国版本图书馆 CIP 数据核字(2016)第 037037 号

策划编辑：吴　浩
责任编辑：翟　楠　唐志辉
装帧设计：严　潇
图片提供：fotolia
出版社：中州古籍出版社
(地址：郑州市经五路 66 号　电话：0371—65788808　65788179
邮政编码：450002)
发行单位：新华书店
承印单位：北京鑫富华彩色印刷有限公司
开本：710mm×1000mm　1/16
印张：8　字数：99 千字
版次：2016 年 5 月第 1 版　印次：2016 年 5 月第 1 次印刷

定价：27.00 元

前 言 PREFACE

广袤太空，神秘莫测；大千世界，无奇不有；人类历史，纷繁复杂；个体生命，奥妙无穷。我们所生活的地球是一个灿烂的生物世界。小到显微镜下才能看到的微生物，大到遨游于碧海的巨鲸，它们都过着丰富多彩的生活，展示了引人入胜的生命图景。

生物又称生命体、有机体，是有生命的个体。生物最重要和最基本的特征是能够进行新陈代谢及遗传。生物不仅能够进行合成代谢与分解代谢这两个相反的过程，而且可以进行繁殖，这是生命现象的基础所在。自然界是由生物和非生物的物质和能量组成的。无生命的物质和能量叫做非生物，而是否有新陈代谢是生物与非生物最本质的区别。地球上的植物约有50多万种，动物约有150多万种。多种多样的生物不仅维持了自然界的持续发展，而且构成了人类赖以生存和发展的基本条件。但是，现存的动植物种类与数量急剧减少，只有历史峰值的十分之一左右。这迫切需要我们行动起来，竭尽所能保护现有的生物物种，使我们的共同家园更美好。

本书以新颖的版式设计、图文并茂的编排形式和流畅有趣的语言叙述，全方位、多角度地探究了多领域的生物，使青少年体验到不一样的阅读感受和揭秘快感，为青少年展示出更广阔的认知视野和想象空间，满足其探求真相的好奇心，使其在获得宝贵知识的同时享受到愉悦的精神体验。

生命正是经过不断演化、繁衍、灭绝与复苏的循环，才形成了今天这样千姿百态、繁花似锦的生物界。人的生命和大自然息息相关，就让我们随着这套书走进多姿多彩的大自然，了解各种生物的奥秘，从而踏上探索生物的旅程吧！

目 录 CONTENTS

第一章
动物中众所周知的建筑师

摩天大楼、海底隧道、空中旅馆……当人们被那些才华横溢的建筑设计师们折服，为他们感叹时，很少有人想到那些微不足道的小动物们。其实，它们中间不乏具有非凡天分的建筑师，它们的杰作，往往成为人类建筑设计师不断创新的源泉。人类的摩天大楼虽然很壮观，但说到真正壮观的高层建筑物，我们还得去动物王国里寻找。接下来，我们将为你介绍动物王国的众多建筑高手。

杰出的建筑师——蜜蜂

蜜蜂指蜜蜂科所有会飞行的群居昆虫的统称，采食花粉和花蜜并酿造蜂蜜。蜜蜂也是唯一在细胞中有铁矿物沉积现象的真核生物。蜜蜂群体中有蜂王、工蜂和雄蜂三种类型的蜜蜂，群体中有一只蜂后（有些例外情形有两只蜂后），1万到15万工蜂，500到1500只雄蜂。蜜蜂源自于亚洲与欧洲，由英国人与西班牙人带到美洲。蜜蜂为取得食物不停地工作，白天采蜜、晚上酿蜜，同时替果树完成授粉任务，是农作物授粉的重要媒介。

被人们用器具收养的是家蜂，蜂体小而微黄，蜂蜜味浓甘美；在山岩高峻处作房的叫石蜜，这种蜂黑色如牛虻，它的蜜味酸，色红。

蜜蜂的结构

蜜蜂完全以花为食，它的食物包括花粉及花蜜，有时也吃调制储存的蜂蜜。毫无疑问的是，蜜蜂在采花粉时亦同时授粉，当蜜蜂在花间采花粉时，会掉落一些花粉到花上。这些掉落的花粉关系重大，因它常造成植物的异花传粉。蜜蜂身为传粉者的实际价值，比其制造蜂蜜和蜂蜡的价值更大。

雄蜂通常寿命不长，不采花粉，亦不负责喂养幼蜂。工蜂负责所有筑巢及贮存食物的工作，而且通常有特殊的结构组织以便于携带花粉。大部分蜜蜂采多种花的花粉，不过，有些蜂只采某些科的花的花粉，有的只采某种颜色花的花粉，还有一些蜂只采一些有亲缘关系的花的花粉。蜜蜂的口部是花粉采集和携带的器具，似乎能适应各种不同种类的花。蜜蜂会发出声音，这是因为它有发声器官，这个发声器官位于蜜蜂腹部的两个极其小的黑色圆点上。

生活习性

蜂王在巢室内产卵，幼虫在巢室中生活，经营社会性生活的幼虫由工蜂喂食，经营独栖性生活的幼虫取食雌蜂贮存于巢室内的蜂粮，待蜂粮吃尽，幼虫成熟化蛹，羽化时破茧而出。家养蜜蜂一年繁育若干代，野生蜜蜂一年繁育1～3代不等。以老熟幼虫、蛹或成虫越冬。

一般雄蜂寿命短，不承担筑巢、贮存蜂粮和抚育后代的任务。雌

蜂营巢、采集花粉和花蜜，并贮存于巢室内，寿命比雄性长。

在蜜蜂社会里，它们仍然过着一种母系氏族生活。蜜蜂一生要经过卵、幼虫、蛹和成虫四个变态过程。在它们这个群体大家族的成员中，有一个蜂王（蜂后），它是具有生殖能力的雌蜂，负责产卵繁殖后代，同时“统治”这个大家族。蜂王虽然经过交配可以产卵，但不是所产的卵都受了精，它可以根据群体大家族的需要，产下受精卵，受精卵21天后发育成雌蜂（没有生殖能力的工蜂）；也可以产下未受精卵，24天后发育成雄蜂。当这个群体大家族成员繁衍太多而造成拥挤时，就要分群。分群的过程是这样的：由工蜂制造特殊的蜂房——王台，蜂王在王台内产下受精卵；小幼虫孵出后，工蜂给以特殊待遇，用它们体内制造的高营养的蜂王浆饲喂，16天后这个小幼虫发育为成虫时，就成了具有生殖能力的新蜂王，老蜂王即率领一部分工蜂飞走另成立新群。中华蜜蜂和意大利蜜蜂都是普遍饲养的益虫，在饲养过程中，新蜂王出世后就要人工替它分群，否则会有一个蜂王带领一批工蜂离开蜂巢飞走而损失蜂群的生产力。

蜜蜂采蜜

蜜蜂的飞翔时速为20～40千米，高度1千米以内，有效活动范围在离巢2.5千米以内。所有的蜜蜂都以花粉和花蜜为食，采集花蜜是一项十分辛苦的工作，蜜蜂采集1100～1446朵花才能获得一蜜囊花蜜，在流蜜期间一只蜜蜂平均日采集10次，每次载蜜量平均为其体重的一半，一生只能为人类提供0.6克蜂蜜。花蜜被蜜蜂吸进蜜囊的同时即混入了上颚腺的分泌物——转化酶，蔗糖的转化就从此开始，经反复酿制蜜汁并不停地扇风来蒸发水分，加速转化和浓缩，直至蜂蜜完全成熟为止。根据种类的不同，工蜂的数量一般在12只到50000多只的范围内，它们收集花蜜和花粉。如果是蜜蜂，还会将花蜜和花粉传送到特定的地方，这要通过跳特殊而严格的舞蹈而获得。他们的职责包括酿蜜、做蜡状蜂房的巢室，这些都是为存储食物和使幼虫居住，它们还要照顾蜜蜂和蜂王、守扩蜂巢。蜜蜂是一个多年生群体，

将会不断地有新蜂王被抚养起来，老蜂王然后和一群工蜂离开蜂房到别的地方重建一个家。

雄蜂数目很多，在一群体内可能近千个。雄蜂的唯一职责是与蜂王交配，交配时蜂王从巢中飞出，全群中的雄蜂随后追逐，此举称为婚飞。蜂王的婚飞择偶是通过飞行比赛进行的，只有获胜的一个才能成为配偶。交配后雄蜂的生殖器脱落在蜂王的生殖器中，此时这只雄蜂也就完成了它一生的使命而死亡。那些没能与蜂王交配的雄蜂回巢后，只知吃喝，不会采蜜，成了蜂群中多余的“懒汉”。但是，这些雄蜂在蜂巢中会不断扇动翅膀，无意中也维持了蜂巢中的温度。日子久了，众工蜂就会将它们驱逐出境。养蜂人也不愿意在蜂群内保留过多的雄蜂而消耗蜂蜜，因而对它们进行人工淘汰。由此看来，工蜂在这个群体中数量最多。一个蜂群中工蜂数量的多少，因不同季节而异，一般为2万～5万个。工蜂是最勤劳的，儿歌唱的“小蜜蜂，整天忙，采花蜜，酿蜜糖”，仅是指工蜂说的。除采粉、酿蜜外，筑巢、饲喂幼虫、清洁环境、保卫蜂群等，也都是工蜂的任务。

从春季到秋末，在植物开花季节，蜜蜂天天忙碌不息。冬季是蜜蜂唯一的短暂休闲时期。但是，寒冷的天气、蜂巢内的低温，对蜜蜂是不利的，因为蜜蜂是变温动物，它的体温随着周围环境的温度改变。智慧不凡的小蜜蜂想出了特殊的办法抵御严寒，当巢内温度低到13℃时，它们在蜂巢内互相靠拢，结成球形团在一起，温度越低结团越紧，使蜂团的表面积缩小，密度增加，防止降温过多。据测量，在最冷的时候，蜂球内温度仍可维持在24℃左右。同时，它们还用多吃蜂蜜和加强运动来产生热量，以提高蜂巢内的温度。

天气寒冷时，蜂球外表温度比球心低，此时在蜂球表面的蜜蜂向球心钻，而球心的蜂则向外转移，它们就这样互相照顾，不断地反复交换位置，渡过寒冬。在越冬结球期间它们是怎样去取食存放在蜂房中的蜜糖呢？聪明的小蜜蜂自有妙法。它们不需解散球体，各自爬出取食，而是通过互相传递的办法得到食料，这样可保持球体内的温度不变或少变，以利于安全越冬。养蜂者用人为办法生产蜂王浆，实际上就是用人工制作一些王台，放入蜂箱内，供蜂王产卵，待小幼虫孵出，工蜂们用蜂王浆饲喂时，养蜂人即将蜂王浆取出，这技术其实是骗术，可见就连聪明的小蜜蜂也有受骗的时候。

社会性

雌蜂和雄蜂生活在同一巢中，但在形态、生理和劳动分工方面均有区别。雌蜂个体较大，专营产卵生殖；雄蜂比雌蜂小，专司交配，交配后即死亡；工蜂个体较小，是生殖器发育不全的雌蜂，专司筑巢、采集食料、哺育幼虫、清理巢室和调节巢湿等。意蜂和中蜂都是社会性种类。此外还有熊蜂属、热带无刺蜂属、麦蜂属等。

蜂巢特点

蜜蜂的筑巢本能复杂，筑巢地点、时间和巢的结构多样。筑巢时间一般在植物的盛花期。根据筑巢的地点和巢的质地，可分为以下几类：

①营社会性生活的种类以自身分泌的蜡作脾，如蜜蜂属、无刺蜂属、麦蜂属等。巢室为六角形。

②在土中筑巢的种类最多，巢室内部涂以蜡和唾液的混合物，以保持巢室内的湿度。

③利用植物组织筑巢的更为多样，例如，切叶蜂属可把植物叶片卷成筒状成为巢室，置放于自然空洞中；黄斑蜂属利用植物茸毛在茎上做成疣状的巢；芦蜂属和叶舌蜂属在枯死的植物茎干内筑巢；熊蜂属的一些种类在树林的枯枝落叶下营巢；木蜂属在木材中钻孔为巢，等等。

④其他如石蜂属利用唾液将小砂石粘连成巢，壁蜂属在蛞蝓壳内筑巢等等。

蜂巢一般是零星分散的，但也有同一种蜜蜂多年集中于一个地点筑巢，从而形成巢群。例如，毛足蜂属的巢口数可达几十个甚至达几百个。

群间关系

蜜蜂虽然过着群体的生活，但是，蜂群和蜂群之间是互不串通的。蜂巢里存有大量的饲料，为了防御外群蜜蜂和其他昆虫、动物的侵袭，蜜蜂形成了守卫蜂巢的能力。螫针是蜜蜂的主要自卫器官。

蜜蜂的嗅觉灵敏，它们能够根据气味来识别外群的蜜蜂。在巢门口经常有担任守卫的蜜蜂，不使外群的蜜蜂随便窜入巢内。在缺少蜜源的时候，经常有不是本群的蜜蜂潜入巢内盗蜜，守卫蜂立即搏斗。但是在蜂巢外面，情况就不同了，比如在花丛中或饮水处，各个不同群的蜜蜂在一起，互不敌视，互不干扰。

飞出交配的母蜂，有时也会错入外群，这时外群的工蜂会立即将它团团包围并杀死。

雄蜂如果要错入外群情况就不同了。工蜂不会伤害它，因为蜜蜂培育雄蜂不只是为了本群繁殖的需要，也是为了种族的生存。

繁殖方式

蜂王（雌性）与雄峰第一次交配后便将精子保存体内数年，蜂王可以自由选产受精卵或未受精卵。

蜂房有3种规格。最小的是工蜂房（水平地面），雄蜂房直径比工蜂房大1毫米，蜂王房最大、最少，通常在培育蜂王时工蜂才在蜂巢底部开始制作蜂王房，面朝下（垂直地面）。

蜂王在雄蜂房里产未受精卵，发育成雄蜂（孤雌生殖）。

蜂王在工蜂房和蜂王房里产受精卵发育成工蜂和蜂王。

所有蜜蜂幼虫头3天喂蜂王浆，工蜂和雄蜂幼虫3天后喂蜂蜜和花粉，只有蜂王房里的幼虫始终喂蜂王浆发育完全成为蜂王。

性别决定

生物的性别并不一定都是由性染色体决定的，在蜜蜂和蚂蚁中，性别决定于染色体的数目（或染色体的组数），而不是性染色体。蜜蜂和蚂蚁体内没有性染色体。蜂王和工蜂都是雌性，是由受精卵发育而来，每个体细胞中含有32条染色体，两个染色体组，是二倍体；雄蜂个体在群体中的数目很少，是由未受精的卵细胞发育而来的，体细胞中含有16条染色体，一个染色体组，是单倍体。

单倍体雄蜂是怎样产生精子的呢？雄蜂在产生精子的过程中，它的精母细胞进行的是一种特殊形式的减数分裂。在减数第1次分裂中，染色体数目并没有变化，只是细胞质分成大小不等的两部分。大的那部分含有完整的细胞核，小的那部分只是一团细胞质，一段时间后将退化消失。

减数第2次分裂，则是1次普通的有丝分裂：在含有细胞核的那团细胞质中，成对的染色单体相互分开，而细胞质则进行不均等分裂，含细胞质多的那部分（含16条染色体）进一步发育成精子，含细胞质少的那部分（也含16条染色体）则逐步退化。

雄蜂的1个精母细胞，通过这种减数分裂，只产生一个精子，精母细胞和精子都是单倍体细胞。这种特殊的减数分裂称为“假减数分裂”。

蜜蜂分工

★蜂王

蜂王的任务是产卵，分泌的蜂王物质激素可以抑制工蜂的卵巢发育，并且影响蜂巢内的工蜂的行为。蜂王是由工蜂建造王台用受精卵培育而成的。工蜂对蜂王台里的受精卵特别照顾，一直到幼虫化蛹以前始终饲喂蜂王浆，使蜂王幼虫浸润在王浆上面。蜂王浆含有丰富的蛋白质、维生素和生物激素，对蜂王幼虫的生长发育，特别是对雌性生殖器官的发育起重要的促进作用。随着蜂王幼虫的生长，工蜂把台基加高，最后封盖。

羽化出房的新蜂王身体柔嫩，由工蜂给它梳理身上的绒毛，交配成功的蜂王不久便开始产卵。蜂王第一次交尾后除了分蜂以外，一般

不再出巢。蜂王体型细长而稳重，它的寿命一般在三至五年，最长的可活八九年。蜂王在春天和花期前后产卵量最高。

★雄蜂

雄蜂的任务是和蜂王交配后繁殖后代，雄蜂不参加酿造和采集生产，个体比工蜂大些。雄蜂是由未受精卵发育而成的。在较大雄蜂房里发育，工蜂对它的哺育也较好。

整个发育过程，雄蜂幼虫的食量要比工蜂幼虫大一、二倍。雄蜂生殖系统的发育需要较长的时间，羽化出房后还要经过八至十四天左右才能达到性成熟。

雄蜂性成熟时，其精巢内的精小管有大量的精子成熟，并逐步地排到贮精囊中，一般一个雄蜂的贮精囊中的精液量为1.5～2.0微升。每微升精液平均有精子七百五十万个。精子的数量和活力对蜂群后代的遗传性状和发育具有直接影响。因此，选育优质遗传后代的种群做雄蜂，与选择优质蜂王同等重要。

★工蜂

工蜂的任务主要是采集食物、哺育幼虫、泌蜡造脾、泌浆清巢、保巢攻敌等工作。蜂巢内的各种工作基本上是工蜂们干的；工蜂与蜂王一样也是由受精卵发育成的。哺育工蜂对它们的照料不如对蜂王幼虫那样周到，仅在孵化后的头三天内饲喂蜂王浆，而自第四天起就只饲喂蜜粉混合饲料。因为这种饲料的营养不如蜂王浆高，而且缺乏促进卵巢发育的生物激素。因此，工蜂的生殖器官发育受到抑制，直到羽化为成蜂，其卵巢内仅有数条卵巢管，失去了正常的生殖机能。所以，她们是发育不完全的雌性蜂。

工蜂的寿命一般是三十至六十天。在北方的越冬期，工蜂较少活动，并且没有参加哺育幼虫的越冬蜂可以活到五至六个月。每群的工蜂量决定了蜂群的兴盛与否。

生活环境

蜜蜂在全世界均有分布，而以热带、亚热带种类较多。蜜蜂类的地理分布取决于蜜源植物的分布。不同亚科或属的分布有一定局限性，例如蜜蜂科的熊蜂以北温带为主，可延伸到北极地区，而在热带地区则无分布记录。短舌蜂科分布于澳大利亚；蜜蜂科木蜂族的突眼木蜂亚属只分布于中亚；蜜蜂科的无刺蜂属则分布于热带。不同景观均有蜜蜂分布，大多数栖居在草原、森林、河谷、山地和荒漠。各景

观地带均有代表属或种，例如地熊蜂为森林草原种，拟地蜂属为典型的草原属，准蜂属以草原种居多。

分类进化

根据化石资料，蜜蜂在第三纪晚始新世地层中已大量发现。它的出现与白垩纪晚期显花植物的繁盛密切相关。

在分类上，蜜蜂总科与泥蜂总科接近，其祖先可能起源于泥蜂总科的一支。但因食性不同，形态特征也趋向分化。蜜蜂的进化特点是：嚼吸式口器，采粉器官形成，体毛分枝；成、幼期均吃花蜜和花粉；群体和社会性生活方式出现；多态型和总科内寄生性的出现等。

在昆虫纲中，蜜蜂属于高级进化的类群，如社会性生活方式的出现、“语言”信息的传递、通过“舞蹈”动作辨认蜂巢的方法以及巢的不同结构等都属于高等进化的特点。

蜜蜂的发育

蜜蜂是完全变态发育的昆虫，三型蜂都经过卵、幼虫、蛹和成虫（成蜂）4个发育阶段。

蜜蜂的4个发育阶段在形态上均不相同，它们是：

★卵

香蕉形，乳白色。卵膜略透明，稍细的一端是腹末，稍粗的一端是头。蜂王产下的卵，稍细的一端朝向巢房底部，稍粗的一端朝向巢房口。卵内的胚胎经过3天发育孵化成幼虫。

★幼虫

白色蠕虫状。起初呈C字形，随着虫体的长大，虫体伸直，头朝向巢房。在幼虫期由工蜂饲喂。受精卵孵化成的雌性幼虫，如果在前3日饲喂在蜂王浆里，加有蜂蜜和花粉的幼虫浆，它们就发育成工蜂。同样的雌性幼虫，如果在幼虫期被不间断地饲喂大量的蜂王浆，就将发育成蜂王。

工蜂幼虫成长到6日末，由工蜂将其巢房口封上蜡盖。封盖巢房内的幼虫吐丝作茧，然后化蛹。封盖的幼虫和蛹统称为封盖子，有大部分封盖子的巢脾叫作封盖子脾（蛹脾）。工蜂蛹的封盖略有突出，整个封盖子脾看起来比较平整。雄蜂蛹的封盖凸起，而且巢房较大，两者容易区别。工蜂幼虫在封盖后的2日后化蛹。

★ 蛹

蛹期主要是把幼虫内部器官加以改造和分化，形成成蜂的各种器官。蜂体逐渐呈现出头、胸、腹3部分，附肢也显露出来，颜色由乳白色逐步变深。发育成熟的蛹，脱下蛹壳，咬破巢房封盖，羽化为成蜂。

★ 成蜂

刚出房的蜜蜂外骨骼较软，体表的绒毛十分柔嫩，体色较浅。不久骨骼即硬化，四翅伸直，体内各种器官逐渐发育成熟。

与人类的关系

蜜蜂是对人类有益的昆虫类群之一，通常广泛指的是生产用蜂种：西方蜜蜂和中华蜜蜂。它为农作物、果树、蔬菜、牧草、油茶作物和中药植物传粉。蜂蜜是人们常用的滋补品，有“老年人的牛奶”的美称；蜂花粉被人们誉为“微型营养库”，蜂王浆更是高级营养品，不但可增强体质，延长寿命，还可治疗神经衰弱、贫血、胃溃疡等慢性病；蜂毒对风湿、神经炎等均有疗效；蜂蜡和蜂胶都是轻工业的原料，蜂胶还被称为“紫色黄金”，在全世界的产量比黄金还少。蜜蜂除了向人们提供蜂蜜、蜂王浆、蜂毒、蜂蜡外，更主要是为各种农作物授粉起增产作用。人类食物的1/3直接或间接地依靠昆虫授粉，而这1/3之中的80%是由蜜蜂完成授粉任务。蜜蜂是各种作物的最理想授粉昆虫，被誉为“农业之翼”。

蜜蜂在众多的授粉昆虫中能成为最理想和最重要的授粉昆虫，是因为蜜蜂形态构造上的特殊性。蜜蜂的舌管（吻）较长，同时具有灵巧的花粉刷、花粉栉、花粉耙和花粉篮，能适应多种作物花朵的采集，不伤害花朵。蜜蜂周身长有绒毛，有的还呈分叉羽毛状，便于黏附花粉。一只蜜蜂全身携带花粉可达500万粒，每天采集成千上万朵花，其授粉效率可想而知。蜜蜂采花具有专一性，它每次出巢只采集同种植物的花蜜和花粉。蜜蜂是一种群居昆虫，一群蜂有5万～10万只之多，它可以大量饲养和繁殖，这样对大面积开花的农作物、果树，人们可有计划地利用蜜蜂授粉，以达到大面积增产的目的。

饲养蜜蜂为农作物授粉，已成为许多国家一项不可忽视的农业增产措施。据报道，美国有100多万群蜂被农场、果园租用，用以给90多种作物和果树授粉，每次每群的租金为5美元～7美元；保加利亚、罗马尼亚经蜜蜂授粉的果树一般增产约40%～50%，向日葵增产20%～25%，油菜籽增产约30%，因而该国规定授粉蜂群免收运费，并付给报酬。

多年来，我国科技人员也进行了大量的蜜蜂授粉增产效果的科学研究，结果是，油菜有蜜蜂授粉比无蜜蜂授粉增产油菜籽20%～26%，四川盆地、浙江一带由于交通便利和有关部门重视，每年都有大量蜂群采集油菜花，使油菜籽年年获得丰收。从80年代起，我国温室栽培业也逐渐兴旺起来。温室内缺乏授粉昆虫，更需要蜜蜂帮助授粉。科研人员经过多年的试验工作，利用蜜蜂为蔬菜制种，种子产量增加20%以上，而且籽粒饱满，千粒重增加，深受农民欢迎。利用蜜蜂为温室内蔬菜授粉已成为“菜篮子”工程的重要组成部分，同时蜜蜂授粉无污染，也是建立绿色食品工程的内容之一。因此有关部门在制订“菜篮子”工程、绿色食品工程时不能忘掉蜜蜂授粉增产的贡献，同样给蜜蜂养殖业以一定的投资和支持。

中华蜜蜂

中蜂（中华蜜蜂）有7000万年进化史。在我国，中蜂抗寒抗敌害能力远远超过西方蜂种，一些冬季开花的植物，如无中蜂授粉，它的生存就会受到影响。我国许多植物繁衍下来，中蜂功不可没。中蜂为苹果授粉率比西蜂（西方蜂种）高30%，且耐低温、出勤早、善于搜集零星蜜源，对保护我国生态环境意义重大。而西蜂的嗅觉与我国很多树种不相配，因此不能给这些植物授粉，这将导致这些植物种类减少甚至灭绝，最终破坏生态环境。因此，拯救、保护中华蜜蜂已刻不容缓。

由于毁林造田、滥施农药、环境污染等因素，造成中蜂生存危机。除此以外，科研人员指出目前引入的意大利等国的西蜂，是对中蜂最大的威胁。这些西蜂对中华蜜蜂有很强的攻击力，且翅膀振动频率与中华雄蜂相似，经常导致中华蜜蜂误认，使得西蜂从而可以顺利进入蜂巢，还得到相当于同伴的待遇和饲喂。不同种群不能共存，西蜂杀死中蜂蜂王不可避免。

20世纪末，中华蜜蜂在黄河以北逐步减少了，长白山也只剩下几百群了。据了解，中华蜜蜂的减少，主要是蜂王由于不明原因死亡而造成的。

一只优良的中蜂蜂王在产卵期每昼夜可产卵1500粒左右，它的平均寿命为3~5年，最长的可达8~9年。可是近些年蜂王的寿命越来越短了，有的竟活不到一个夏季。

仅北京地区中华蜜蜂的数量就从20世纪50年代的4万多群，减少到了21世纪初的不足40群，已经到了濒危的程度。

可怕的是，中华蜜蜂一旦完全灭绝，会影响整个与之有关的植物共生生态系统的变化。

中华蜜蜂起着重要的平衡生态作用，特别有利于高寒山区的植物繁衍。华北地区的很多树种都是早春或是晚秋开花的，还有的是零零星星开花的，如果没有中蜂，植物的受粉就会受到影响，这也是其他

蜂种所不具备的特性。

为此我国已在北京房山和黑龙江饶河建起相对封闭的中蜂、黑蜂保护区，并开始寻找野蜂，使中蜂不致灭绝。

中蜂节省饲料，这一可贵的优良特性能为人类提供更多的产品——蜂蜜。自然界中的各种动物都有其特有的越冬方式，蜜蜂是半蛰居营群体生活的昆虫。中蜂团结紧密，越冬期内往往叩掉巢脾下部大片巢房，结团在蜂巢下面的局部范围，蜂团集中而紧密。消耗少量饲料、少量运动产生微热、保持低限的生命活动、保持群体所需要的生存温度等，也是中蜂在长期的生存斗争过程中形成的有利于种族生命延续的生活习性。

中蜂泌蜡能力强，经常毁弃自己苦心营造的巢脾，而不厌其烦地重新泌蜡造脾。这种喜新厌旧的生活习性，能在环境突变、天敌入侵时，迁居后及时营造新居。只有具备这种特性，才能保持在万变的自然环境中保存自己，客观上也起到清理蜂巢，减少细菌、病害在巢房滋生和污染，清除害虫的虫卵，保持群体的正常生活以及后代的健康发育的作用。这种喜新厌旧的生活可性能使蜂王始终在新巢房产卵，卵虫在宽大的巢房里发育成长，培育出健壮的新个体，具有优生优育的客观效应。

中蜂个体小，吻较短，采集力虽然较低，但中蜂采集工作勤奋，抗寒能力较强，早出晚归，在9℃时就能正常采集活动，弥补了吻短、采集力低的不足。

中蜂分蜂性强，维持的群势比西蜂小，群体增长数量多，在生存斗争过程中生存机率大，这也是与生存斗争的另一种表现。

中蜂定向力较差，容易迷巢，这种习性是和长期在广阔的野外生活、群体间距大、接触机会少有关。这一习性对人为管理是不利的。中蜂群失去蜂王后，工蜂会快速产卵，虽然是生存斗争中一种特殊现象，但也无法使该群体的生命得到延续。

蜂蜜的采集

蜂农（俗称养蜂人）是农民中较为辛苦的一种人，收入比较低，需要常年风餐露宿，走南闯北。中国大概有600万～700万群蜜蜂，蜂农20万～30万，从事蜂产品加工的约有5万～6万人。一个蜂农的“标准配置”是50箱蜜蜂，按平均每箱2万只计算，一个蜂农大致要照顾百万之众的蜜蜂。养蜂业具有很强的流动性，大多数蜂农都要追逐花期、转地养蜂。在我国，蜂农转场线路主要有两条：一是东北线，从海南沿海北上，经福建、江浙、山东直到黑龙江，再从湖北、湖南折回南方；二是西北线，从云南到四川到陕西、青海、宁夏、内蒙古、新疆；每年2～5月，在我国乃至世界所有的油菜花产地都会看到蜂农和蜜蜂忙碌的身影。

蜂农可以说是养蜂的半个专家，高度介入蜜蜂生活。他们的日常工作包括摇蜜、繁殖蜂群、培养蜂王、给太强大的蜂群分家、采集蜂王浆、采集花粉等。他们每天早上6点就需要检查蜂箱，看看有无马蜂、蛤蟆之类的蜜蜂天敌；另外要经常交换巢脾，把有幼虫的巢脾转移到蜂箱上部，把空巢脾转移到下部供蜂王产卵；然后采集蜂王浆，大致每三天采一次，一群蜂一年可产蜂王浆5～10公斤。摇蜜一般在下午，晴天一箱蜂两天可以摇一次。对蜂农而言，影响最大的自然灾害是寒冷和阴雨，阴雨天蜜蜂就无法采粉，一开始还可以吃蜜，等蜜吃完后就可能大批饿死，此时蜂农就需要使用白糖来喂养。我国的养蜂业具有很大发展潜力，现养蜂密度不足欧洲国家的20%。据美国农业部实验，蜜蜂的授粉行为可使农产品增产30%～40%，最高可达80%，其中雄蜂对大棚植物的授粉效果最好。可以说蜜蜂授粉使农产品增产的产值是养蜂业本身产值的60～80倍。

蜂蜜是一种活性物质，保存不易，所以蜂农通常采取边放养边销售的模式，如果需要质量好的蜜，最好直接从熟悉的蜂农处购买。不同种类的蜜价格也大不相同，最好的一等蜜蜜源来自荔枝、柑橘、椴树、槐花、紫云英、荆条花等，油菜等为二等蜜。从产量上看，我国的蜂蜜年产量为20万～30万吨，一半用于出口。其中油菜花蜜产量最高，占25%～30%。国内蜂蜜销量每年60～70万吨。也就是说，国内现销售的蜂蜜有部分并不是真正的蜂蜜。在蜂王浆产量中，油菜花蜜为基础的要占到一半；由于蜂王浆是维持蜂王生存必需的食物，产量比较少，很多蜂农都不卖蜂王浆，纯的蜂王浆“劲道”非常大而且味道特别，难以下口，人的肠胃很难适应（会拉肚）；市面上的蜂王浆大多已经是混了多次蜂蜜的结果，按蜂王浆和蜂蜜3：7的比例混合的所谓“蜂王浆”（市面产品）已经是很不错的，一般比例更低一些。一般来说，蜂蜜特别是从蜂农处直接购买的蜂蜜，颜色和沉淀都很可能不一致，如有包装特精美、蜜的颜色和外观又特统一、价格又特低（低于10元/斤）的就可能不是真正的蜂蜜。

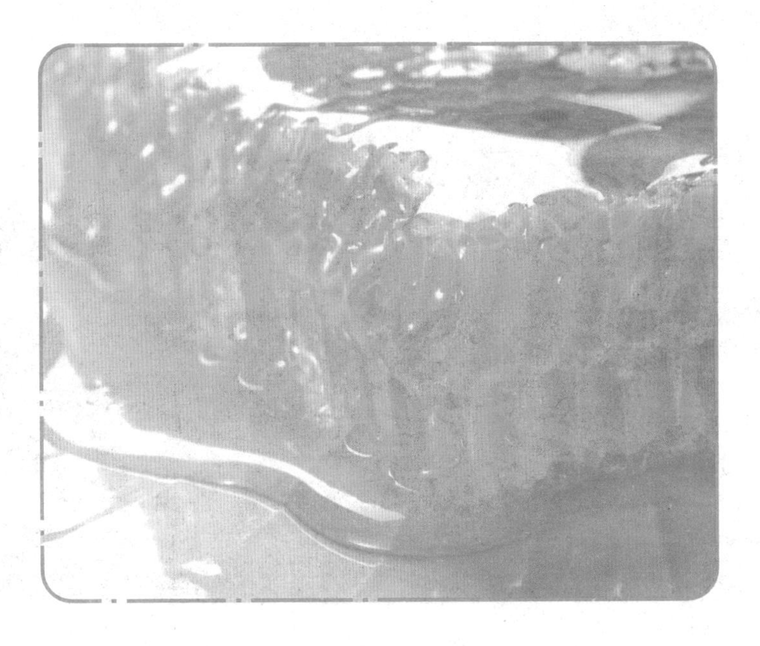

最令人惊讶的神奇建筑

蜜蜂最为人称道的并不是它们的辛勤劳动，而是它们建造的富有科技精神的蜂巢。蜜蜂的筑巢本领被誉为“上帝所赐的天赋本能”，因为辛勤的蜜蜂使用了最少的材料（蜂蜡），建造出了最大的空间(蜂房)，共同组成了它们的家园（蜂巢)。

蜂巢是由一个个正六角形单房、房口全部朝下或朝向一边、背对背对称排列组合而成的建筑物。每 房室相互平行，大小统一、上下左右距离相等；蜂房直径约0.5厘米，房房紧密相连，整齐有序，仿佛经过精心设计。当气候炎热、蜂巢内温度升高时，工蜂会在蜂巢入口的地方，鼓动翅膀扇风，使巢内空气流通，变得凉爽。每一个巢房的建筑，都是以中间为基础向两侧水平展开，从其房室底部至开口处有13℃的

仰角，是为了避免存蜜的流出，另一侧的房室底部与这一面的底部又相互接合。此外，巢房的每间房室的六面隔墙宽度完全相同，两墙之间所夹成的角度正好是120度，形成一个完美的几何图形。

蜜蜂的巢房被著名生物学家达尔文赞叹为自然界最令人惊讶的神奇建筑。科学家们研究发现，正六角形的建筑结构，密合度最高、所需材料最简单、可使用空间最大。因此，蜜蜂的巢房可容纳数量高达上万只的蜜蜂居住。

人们总是疑问，蜜蜂巢室为什么不呈三角形、正方形或其他形状呢？隔墙为什么呈平面，而不是呈曲面呢？对于这一问题，科学家已经研究了一千多年。最终，科学家们得出了蜜蜂是世界上工作效率最高的建筑者的结论。

早在4世纪时，古希腊数学家贝波司就提出了著名的“蜂窝猜想”。他认为，蜂窝的优美形状，是自然界最经济有效的建筑代表。他猜想，人们所见到的、截面呈六边形的蜂窝，是蜜蜂采用最少量的蜂蜡建造成的。这一猜想经历代科学家一千多年的研究，终于在20世纪被现代科学家证明是正确的。

其实，有关这一问题研究的关键在于寻找“面积最大、周长最小的平面图形”的问题。因为蜂窝虽然是一个立体建筑，但每一个蜂巢都是六面柱体，而蜂蜡墙的总面积仅与蜂巢的截面有关。如果能证明首尾相连的图形中，正六边形的周长是最小的，就足以说明蜂窝的建筑是最经济的。而现代数学研究证明，正六边形与其他任何形状的图形相比，周长是最小的，蜂窝建筑的格局无疑是最经济的。

最经济有效的蜂窝的建筑成本对蜜蜂而言是非常重要的。据估计，工蜂分泌1公斤的蜂蜡，需要消耗16公斤的花蜜；而采集1公斤的花蜜，蜜蜂们必须飞行32万公里——相当于绕行地球8圈——才得以完成。因此，蜂蜡对蜜蜂而言，是十分珍贵的。蜜蜂凭着上帝赋予它的智慧，选择了角数较多的正六边形，用等量的原料使蜂巢具有最大的容积，容纳更大数目的蜜蜂。

达尔文曾说：如果一个人在观赏精密细致的蜂巢后，而不知加以赞扬，那他一定是个糊涂虫。蜂巢应该受到人们的赞扬，因为它给科学家们非常多的灵感和启发。科学研究发现，蜂巢内部的正六边形柱体结构是致密的结构，因为在这种结构状态中，蜂巢各方受力大小均等，且容易将受力分散。正基于此，美国B-2隐形轰炸机的机体元件，才多采用三明治结构，即在两块高强度薄板间，胶合密度甚低的蜂巢层，使机体强度增大、质量减轻。在今天，蜂巢给人们的启示已经应用到生产和研究的诸多方面。

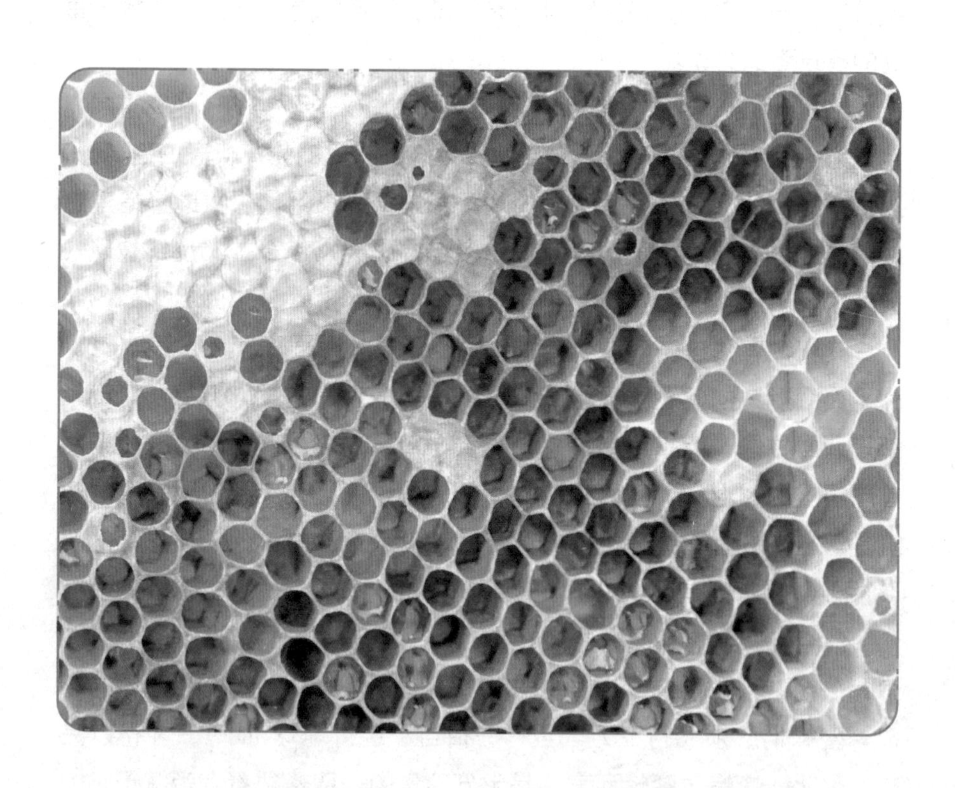

这个“建筑师”并非天才

长久以来，蜜蜂都被人们冠以“建筑大师”的美誉。不过，这一美誉在今天受到了很多科学家的质疑。因为有科学家在最新的研究中发现，蜜蜂其实根本不会建造六边形蜂巢，它只会搭建近乎圆柱形的“毛坯房”。这些科学家认为，当工蜂用自身分泌的蜡筑成圆柱形蜂巢后，会将其加热到40℃左右，使得蜂蜡融化可以流动。在自然状况下，蜂蜡会按照一些物理学与几何学原理，自动以最节省能量的方式成型，即剖面成六边形。

这一结果虽然让人们对蜜蜂的智慧的认知大打折扣，但是蜜蜂的那一份天生的功劳是无法被质疑的，那就是它们能生产出优质的建筑材料——蜂蜡。蜂蜡是由蜜蜂腹部的特殊腺体分泌出来的。

近来，蜜蜂的勤劳形象也受到科学家的质疑。因为科学家们发现，蜜蜂不是人们想象的那么勤劳，甚至有些懒，因为蜜蜂晚上大约80％的时间在睡觉，白天也常常飞回蜂房。但不管怎么说，蜜蜂的工作成果还是不容置疑的。

自然界的建筑师——白蚁

白蚁亦称虫尉，坊间俗称大水蚁（因为通常在下雨前出现，因此得名），等翅目昆虫的总称，约3000多种。白蚁是不完全变态的渐变态类，是社会性昆虫，每个白蚁巢内的白蚁个体可达百万只以上。

白蚁与蚂蚁虽一般同称为蚁（见蚁总科），但在分类地位上，白蚁属于较低级的半变态昆虫，蚂蚁则属于较高级的全变态昆虫。根据化石判断，白蚁可能是由古直翅目昆虫发展而来，最早出现于2亿年前的二叠纪。白蚁的形态特征与蚂蚁有明显的不同，白蚁体软而小，通常

长而圆，白色、淡黄色、赤褐色直至黑褐色。头前口式或下口式，能自由活动。触角念珠状，腹基粗壮，前后翅等长；蚂蚁触角膝状，腹基瘦细，前翅大于后翅。中国古书所称蚁、螘、飞螘、蚍蜉、蠢、蠹等，都与蚂蚁混同。宋代开始有白蚁之名，并确定为白蚁的别称。白蚁分布于热带和亚热带地区，以木材或纤维素为食。白蚁是一种多形态、群居性而又有严格分工的昆虫，群体组织一旦遭到破坏，就很难继续生存。

分布范围

白蚁遍布于除南极洲外的六大洲，其主要分布在以赤道为中心，南、北纬度45° 之间。全世界已知白蚁种类有3000余种，据美国科学家的电脑模拟分析，全球白蚁资源数量人均约占有0.5吨，而以白蚁的个体重量1克为计算，人类拥有的白蚁个体数人均约有50万头。这确实是一个耸人听闻的数字。

我国地处亚洲东部，跨东洋区和古北区两大动物地理区系，白蚁种类异常丰富，已知白蚁有4科44属479种，大多分布于南方，少数出现于华北和东北的辽宁等地。其中危害房屋建筑的白蚁种类有70余种，主要蚁害种有19种。白蚁在我国的活动分布主要在淮河以南的广大地区，向北渐渐稀少，往南逐渐递增，全国除新疆、青海、宁夏、内蒙古、黑龙江、吉林等省（区）外，其他省（区）都有其分布记录。其中，云南省分布白蚁种类最多（125种），其次是广东（69种），广西（67种）和海南（65种），辽宁、北京、山西等省市分布白蚁种类最少。我国白蚁分布的北界呈东北向西南方向倾斜，最北的分布以辽宁的丹东，北京地区，至西藏墨脱一线为界，其东南部是我国白蚁的分布区，约占全国总面积的40%。

品级划分

白蚁是多形态昆虫，一般每个家族可分为两大类型：

★生殖型

生殖型又称繁殖蚁，分原始繁殖蚁和补充繁殖蚁两类。原始繁殖蚁是长翅型有翅成虫（或称成虫第一型），每巢内每年出现许多长翅型的繁殖蚁，在一定时期，分群飞出巢外进行交配时，翅始脱落。在较低级的木白蚁和散白蚁巢中，往往有不离巢的有翅成虫，但体色淡，翅脱落时并不整齐。其中有性机能者被称为拟成虫。补充繁殖蚁有两类：短翅型（或称成虫第二型）和无翅型（或称成虫第三型）。此种现象在较高级的白蚁科昆虫的巢中比较少见。

★非生殖型

非生殖型不能繁殖后代，形态也与生殖型不同，完全无翅，包括若蚁、工蚁、兵蚁三大类。若蚁指从白蚁卵孵出后至3龄分化为工蚁或兵蚁之前的所有幼蚁。有些种类缺少工蚁，由若蚁代行其职能。工蚁是白蚁群体中数量最多的一类，形态与成虫相似，通常体色较暗，有雌、雄性别之分。工蚁头阔，复眼消失，有时仅存痕迹。工蚁往往还有大、小型之分，无生殖机能，从事孵卵、哺育、筑巢、迁居、培养菌类及保护母蚁等类劳动，有时还参加防御工作。若干原始性白蚁，往往没有工蚁。兵蚁是白蚁群体中变化较大的品级，除少数种类缺兵蚁外，一般从3～4龄幼蚁开始，部分幼蚁分化为色泽较淡的前兵蚁，进而成为兵蚁。兵蚁大致可分上颚型和象鼻型两类，前者有强大的上颚，后者有发达的额鼻。

兵蚁往往有大、小型或大、中、小型之别。兵蚁在白蚁群体中所占的比例是固定的，多则被吞食消灭，少则分化增补。这种调节作用可能是通过兵蚁的头部或胸部腺体所分泌的社会外激素在群体中的传递而实现的。兵蚁也有雌、雄之分。兵蚁的复眼除少数种类发达外，一般全缺，或退化只留痕迹。触角的环节数常较生殖型个体少。兵蚁主要担任防卫工作，有些种类（如家白蚁中的兵蚁）还可以从额腺中分泌防御性乳汁。兵蚁没有繁殖能力，没有翅膀，任务为储运食物，饲养蚁王、蚁后、工蚁及哺育幼蚁等。

生活环境

白蚁的生活环境主要与温度、湿度（水分）、空气、光线和土壤有关。

★温度

白蚁是喜温性的昆虫，气温是影响白蚁分布的主要因素，所以白蚁大都分布在赤道两侧，越近赤道白蚁种类越多，密度越大，生活方式也越复杂。

据测试，台湾乳白蚁（家白蚁）的最适气温为25℃～30℃，最低致死温度是-3℃。这样的温度只需7天它们就会全部死亡；-1℃时，9

天后全部死亡；1℃时，14天后死亡；4℃时，28天后死亡；8℃时，34天后90%以上死亡；而10℃时，一个半月后80%还能正常生活，仅有少部分死亡或不正常，因此，台湾乳白蚁具有较宽的温度适应能力。

★湿度

群体发达的白蚁种类，需要专门的水分供应，以维持群体的水分和湿度需要。白蚁虫体含水量约79%，白蚁巢体含水量占30%～37%，平均33%。白蚁群体有专门通往水源的吸水线（吸水蚁路），通过吸水线来保证自身和巢体对水分的需求，这是毫无异议的事实。

堤坝上生活的黑翅土白蚁为了获得其巢群所需的水分，必须有蚁路通到水源，堤坝上比较近水源的地方是迎水坡的水库水、堤坝内浸润线和反滤体的自由水，所以堤坝白蚁都会筑蚁路到这些水源丰富的地方取水。

★空气

白蚁是生活在半封闭的巢穴系统中的群体生物，在黑暗的巢穴系

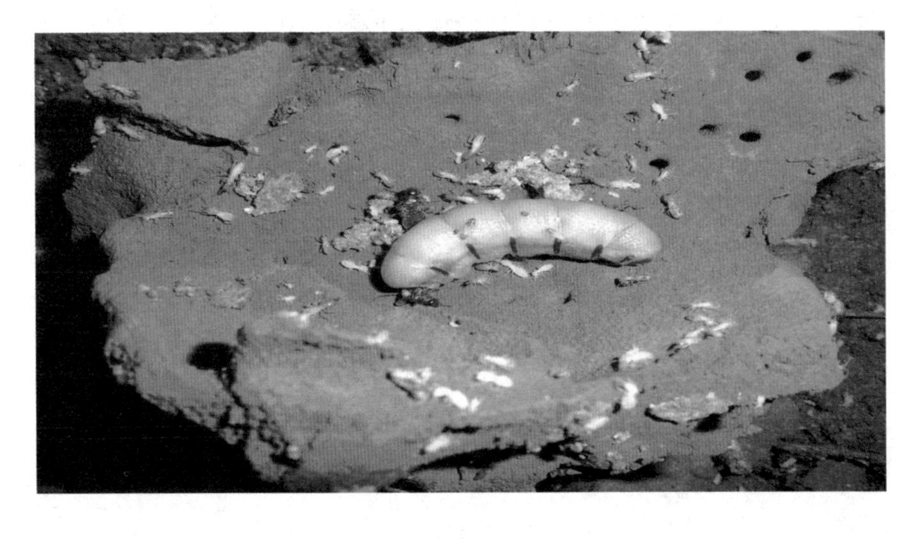

统中自成一体，有人戏称它为“黑暗中的居民”。这个巢穴系统要与外界发生联系，并通过各种方式来获得空气中的氧气，而把群体呼吸作用所产生的二氧化碳排出到巢外。白蚁巢穴系统的特点是二氧化碳含量特别高，比空气的二氧化碳含量高数十倍到上百倍。

★光线

白蚁长期在营巢内隐蔽生活，就多数个体而言是畏光的。然而，白蚁群体的扩散、发展，却离不开光的环境，有翅成虫飞离群体时都有趋光习性。台湾乳白蚁、黑翅土白蚁常在傍晚分群，飞离群体的有翅成虫具很强的趋光性；黄翅大白蚁在凌晨，月光明亮时进行分群。所有的有翅成虫都有发育完善的单眼和复眼，和其他许多昆虫一样，对光有强烈的正反应——趋光性。因此，白蚁有翅成虫飞离旧群体，建立新群体，光是不可缺少的重要条件。

★土壤

除木栖性白蚁与土壤不直接发生任何关系外，土木栖白蚁和土栖性白蚁跟土壤的关系都极为密切，特别土栖性白蚁，无土不成巢，离开土就生存不了，土栖性白蚁对土壤有严格的选择。土壤也是土木栖白蚁的蚁巢、蚁路的主要成分。

生长繁殖

白蚁之所以能在地球上生存二亿五千万年，除具有适宜其生存的食宿条件和自身的营群落性生活特性外，很大程度上取决于白蚁的繁

殖能力。白蚁的繁殖靠群体中的蚁王和蚁后这类生殖性的个体，尤其是蚁后，有极其膨大的腹部和发育完全的生殖器官，主要起交配产卵的作用。蚁后和蚁王在整个巢群中数量最少，但作用却十分重要。一旦失去生殖性的巢群，必定要有新的补充型生殖蚁，否则这样的巢群不仅无法扩展群体、繁殖后代，而且整个巢群将无法协调，最后失去控制，直至整个群体毁灭。

白蚁的巢群中一般只有一对原始型蚁王和蚁后，某些种类也有出现多王多后的现象。一旦原始型蚁王、蚁后体弱病死后，巢群内会迅速产生短翅补充型或无翅补充型的蚁王、蚁后，继续延续巢群的繁殖后代、扩展群体的需要。如土栖白蚁群体内的壮年蚁后，在其生殖的鼎盛时期，一昼夜内约产8000～10000粒蚁卵，一生中的产卵量高达5亿多粒。这类白蚁的一个成熟的巢群个体数可达数百万头，并延续几十年，其种群个体数量的增长可以用呈几何级数来描述。

种群现状

从类别上分，白蚁有木栖性白蚁、土栖性白蚁和土木两栖性三类。

木栖性白蚁蚁群大小不一，会在凡是有木的地方筑巢，并取食木质纤维。

土栖性白蚁在地底土中筑巢或土面建蚁冢，并以树木、树叶和菌类等为食。

土木两栖性常住于干木、活的树木或埋在土中的木材，以干枯的植物、木材为食。

从生物学角度分类，等翅目（白蚁是等翅目昆虫的总称）下有6科，分别为澳白蚁科、木白蚁科、草白蚁科、犀白蚁科、锯白蚁科等。

平衡生态

据统计，90%以上的白蚁种类对人类不构成危害，这些种类大多分布于热带和亚热带的山林、草地，它们对加速地表有机物质分解、促进物质循环，净化地表，增加土壤肥力起着重要作用。

主要危害

白蚁危害所造成的损失是惊人的，这些危害主要表现在以下几个方面：

（1）对农作物的危害：一般来说，白蚁对农作物还不是重要的害虫。但是对经济作物甘蔗来说危害还是较为严重的。危害农作物的白蚁种类主要有：台湾家白蚁、黄翅大白蚁、黑翅土白蚁、海南土白蚁、台湾乳白蚁等。

（2）对树木的危害：危害树木的白蚁种类很多，其主要种类有：新白蚁、堆砂白蚁、家白蚁、树白蚁、散白蚁、木鼻白蚁、土白蚁、大白蚁、原白蚁等。

（3）对房屋建筑的破坏：白蚁对房屋建筑的破坏，特别是对砖木结构、木结构建筑的破坏尤为严重。由于其隐藏在木结构内部，破坏或损坏的后果，往往造成房屋突然倒塌，引起人们的极大关注。在我国，危害建筑的白蚁种类主要有家白蚁、散白蚁种沙堆白蚁等属。其中，家白蚁属的种类是破坏建筑物最严重的白蚁种类。它的特点是扩散力强、群体大、破坏迅速、在短期内即能造成巨大损失。

（4）对江河堤坝的危害：白蚁危害江河堤防的严重性，我国古代文献上已有较为详细的记载，近代的记载更为详尽。其种类有土白蚁属、大白蚁属和家白蚁属的白蚁群体，它们在堤坝内密集营巢，迅速繁殖，苗圃星罗棋布（除家白蚁外），蚁道四通八达。有些蚁道甚至能穿通堤坝的内外坡。当汛期水位升高时，堤坝常常出现管漏险情，更有甚者则酿成塌堤垮坝。

除了以上危害之外，白蚁还能腐蚀白银。白蚁分泌出一种高浓度的蚁酸，与白银产生化学反应，形成蚁酸银，这是一种黑色粉末，会被白蚁吃下去。

药用价值

白蚁有着特殊的药用价值。

明代李时珍的《本草纲目》中，就有用白蚁治病的记载。经初步分析，白蚁之所以能治病的原因有二：一是由于白蚁巢内阴暗、潮湿，加之有大量的分泌物及排泄物，因而二氧化碳浓度很高。家白蚁巢内的二氧化碳含量，一般占气体总量的0.5%~6.5%，要比大气中的二氧化碳含量高十倍至几百倍。在这样受到严重污染的恶劣环境中，许多生物都难于生存繁殖，而白蚁却能安然无恙地在巢内长期生活繁衍，从未发现有白蚁染病自行死亡的例证，这说明白蚁体内有着抗多种疾病及癌症的元素及其他有机成分。二是因为白蚁长期栖居于地下，在土中开掘隧道，搬运土粒筑巢，吸食地下水和咀嚼吞咽带有土质的木材，因而体内积累了各种微量元素。有人对家白蚁进行光谱测定，在它们的体内测到的主要元素有钴、铜、钛、锑、铬等。

人们还发现白蚁体内存在有抗病物质甾体，主要有胆甾醇及其衍生物、谷甾醇、豆甾醇等。有人认为，这些物质对癌细胞有抑制作用。同时白蚁脂肪中所含的油酸、棕榈酸和硬脂酸等，也同样具有抑制肿瘤生长的作用。又有人发现，白蚁体内的性诱激素和干扰素等，对癌症也有一定疗效，特别是对乳腺、子宫和消化道的癌症，疗效显著。

根据历史记载和一些近代研究结果，人们从白蚁体内提取的一些药用物质，曾对患有胆道癌、胃癌、子宫癌、乳腺癌、直肠癌、鼻咽

癌、睾丸癌、食道癌、肝癌、肺癌和组织细胞瘤等的患者进行过试验性治疗。从临床情况看，这些药用物质对以上各类癌症都有不同程度的疗效，对镇痛、增进饮食、恢复体力、提高机体应激能力和机体免疫能力，控制病灶、抑制肿块、改善病人的自我感觉等，也有不同程度的治疗作用。

白蚁的提取物能治疗癌症疾病，并得到实例证明。实验证明白蚁的提取物能提高患者自身的抗癌能力，能消除体内垃圾；能切断癌细胞血管，让癌细胞饿死；能改善造血功能，提升白细胞含量；能进入癌细胞胶原质层杀死癌细胞；能中西结合，扶正固本。

白蚁巢中的菌圃，是由白蚁的排泄物，经细致加工并经接种培养出白球菌而成的多孔块状物，是白蚁赖以生存而不可缺少的，缺少了这些菌圃，巢中的蚁群便会死亡。菌圃营养丰富，是鸡枞菌生长发育的最佳培养基。

据《本草纲目》中记载：鸡枞菌气味“甘平，无毒”，有“益胃、清神、治痔”的效果。近年来的研究证明，鸡枞菌中含有16种氨基酸，是十分珍贵的药物。据分析，菌圃中含有16.5%的蛋白质、4%的多缩戊糖、20.91%的灰分，并含有亮氨酸、缬氨酸、酪氨酸、脯氨酸、丙氨酸、苏氨酸、精氨酸、赖氨酸、谷氨酸、天门冬氨酸等10种氨基酸。这些氨基酸对治疗疾病有着不可低估的药用价值。

能源前景

在自然界中，木质纤维素是太阳能极为重要的活体贮存形式，是地球上最丰富的可再生资源。另外，人类活动产生的废弃物如农业废物（稻草、稻壳、麦秆、花生壳、玉米芯、棉籽壳、甘蔗渣等）、食品加工废物（果皮、果渣等）、木材废物（木屑、树皮）以及城市废弃物也含有大量的纤维素。我国每年产生木质纤维素生物资源的总量约13.92亿吨。

专家们发现自然界中较好的纤维素酶存在于白蚁体内，白蚁体内存在能高效消化纤维素酶的基因。利用转基因技术将该基因克隆到微生物上，然后利用微生物大量产生纤维素酶，利用纤维素酶再消化纤维素，就可以将自然界中含量丰富的纤维素变成单糖，再将单糖发酵，生产乙醇，因此其能源应用前景十分广阔。

建筑大师

对人类来说，白蚁最值得赞赏的是它们的建筑本领，它们的建筑“理念”已经被人类用于建造摩天大楼上。

白蚁的巢穴通风效果非常好，温度控制有序，许多工程师正是从白蚁身上获得了灵感，建造了很多不用人工调节而使用天然风调节室

内温度的摩天大楼。

白蚁巢穴通常由生活区和奇特的泥塔两部分构成。泥塔的横截面呈楔形，并且尖头总是朝向北方。塔高三米左右，泥塔的侧壁面积很大，保证了其表面能够在早晨和傍晚太阳光斜射的时候，最大限度地吸收太阳的热量。尖锥形的塔顶会减少正午太阳的热量。泥塔中布满空气通道，通道的温度会随着太阳光的照射而升高，从而引起空气体积膨胀，并通过通道把空气抽到塔顶，于是新鲜空气便能流通进地下。白蚁中的一些工蚁更富有创造力，它们能够根据巢穴各处温度的不同，要么扩大通道，要么减小甚至堵断通道，从而达到调节气流从而调节巢穴内温度的目的。通过这些措施，尽管巢穴外面的温度有高有低，但是无论春夏秋冬还是黑夜白天，白蚁巢穴中的温度都始终保持不变。

生活在非洲和大洋洲的白蚁能搭建起高度超过人体的蚁塔。这些建筑很像城堡，有各种各样的形状，如圆锥形、圆柱形、金字塔形等，最高的能达七米，占地一百多平方米。蚁塔中有无数弯弯曲曲的隧道，长达数百米。

科学家从白蚁巢穴的建造和温度调节的方法中受到了启发，并将其应用在高层建筑的自动控温技术上。这种大楼的角上一般都建有圆柱形玻璃塔，由于玻璃塔的空气流动与各个房间是相通的，所以房间中的新鲜空气可以得到更新，而房间的热量也随着塔中的上升气流被送出室外。大楼中还安装有同温计算机控制系统，就像工蚁的工作一样，通过感知大楼里温度的高低不同而随时进行调节。

小小建筑师——河狸

河狸栖息在寒温带针叶林和针阔混交林林缘的河边，穴居。河狸肉味鲜美，皮毛十分名贵，一出水面其皮毛就滴水不沾。河狸的香腺分泌物为名贵香料——河狸香，是世界上四大动物香料之一，也可作为医药中的兴奋剂，具有很高的经济价值。

外形特征

河狸是中国啮齿动物中最大的一种。营半水栖生活，体形肥壮，头短而钝、眼小、耳小及颈短。门齿锋利，咬肌尤为发达，前肢短宽。无前蹼，后肢粗大，趾间具全蹼，并有搔痒趾。第4趾十分特殊，有双爪甲，一为爪形，一为甲形。尾大而宽，上下扁平，覆盖角质鳞片。躯体背部针毛亮而粗，绒毛厚而柔软，腹部基本为绒毛覆盖。背体呈锈褐色，针毛黄棕色，头、腹部毛色较背部浅，呈灰棕色。颏下近黄色。幼体色灰棕。肛腺前见一对香腺分泌河狸香。体重17～30千克，体长60～100厘米，尾长21～38厘米。

生活习性

行为习性：夜间活动，白天很少出洞，善游泳和潜水，不冬眠。河狸一个独特的本领是垒坝，凡是河狸栖息或是栖息过的地方，都有一片池塘、湖泊或沼泽。河狸总是孜孜不倦地用树枝、石块和软泥垒成堤坝，以阻挡溪流的去路，小则汇合为池塘，大则可成为面积达数公顷的湖泊。河狸具有改造自己栖息环境的能力。当进入新的栖息地或栖息地水位下降时，河狸会用树枝、泥巴等筑坝蓄水，以保护洞口位于水下，防止天敌侵扰。河狸有时为了将岸上筑坝用的建筑材料搬运至截流坝里，不惜开挖长达百米的运河。河狸在陆地上行动缓慢，不远离水边活动。其自卫能力很弱，胆小，喜欢安静的环境，一遇惊吓和危险即跳入水中，并用尾有力拍打水面，以警告同类。

河狸的主要食物是柳、桦、白杨、小叶杨等落叶树上较高较嫩的软枝内皮。它们不会爬树，而是用门牙把小树啃倒再吃食物。一对成年河狸可以在一刻钟内啃倒一棵直径10厘米粗的树。河狸后肢趾间有

蹼，宽扁的尾巴则当舵，是游泳的好手。河狸是水陆两栖的动物。它们把食物贮于水中，在水陆之间筑堤堰截水成池，并打洞筑窝。它们的窝一头开口在河岸边，另一头开口在树林里，之间是宽敞的藏身处所。白天它们待在窝里或岸边灌木丛中，夜里出来活动。河狸跟水獭不是同一物种，河狸吃植物，会筑坝，而水獭是肉食性动物不筑坝。

生活环境

河狸在欧亚大陆北部曾有较广的分布，因其皮毛珍贵而长期遭到无节制的捕猎，分布范围缩小，我国仅产于布尔根河一带，现已建立自然保护区。河狸营半水栖生活，主要栖息在寒温带针叶林和针阔混交林区的河边。洞穴在河边树根下面或水流缓慢的土质陡岸，洞口没入水中，地面留有气孔并用一堆树干遮盖，巢屋在水面以上，里面很宽阔，铺以干草。

分布范围

河狸分布：俄罗斯、德国、法国、瑞士、瑞典、挪威、芬兰、波兰、加拿大、蒙古国西部、中国新疆。

蒙古河狸分布：中国新疆、蒙古国西部。

中国新疆和蒙古国的河狸属于欧亚河狸中的蒙古亚种，分布窄，数量少，在中国仅分布于乌伦古河及其上游的青格里河、布尔根河、查干郭勒河两岸，尤以布尔根河分布最为集中，因为那里的植被是整个流域最好的。

种群现状

中国境内由于生态破坏和人为因素的影响，河狸的分布区迅速缩小，现已濒临灭绝。全乌伦古河水系河狸数量波动在500~800只之间，其中布尔根河有35个家族，查干河有2个家族，布尔根河至乌伦古河福海段约有130个家族。而蒙古国的河狸保护得好，数量多。布尔根河上游部分在蒙古国境内，在距离中国边境约40公里的地方是河狸自然分布区，据说在蒙古国的其他几条河流已有人工迁养的河狸。国家于1981年在布尔根河流域建立了中国唯一的河狸自然保护区。

保护区

布尔根河狸保护区位于新疆阿勒泰地区青河县查干郭勒乡布尔根河流域，距青河县城直线距离为63公里，平均海拔1110米。河狸保护区于1980年由自治区人民政府批准林业部门建设管理，主要保护布尔根河50公里河段沿岸河狸分布区的河谷林环境及世界上稀有的兽类河狸，保护面积5000公顷。布尔根河是一条由东流向西的河流，发源于蒙古国境内，流入中国50公里后，与青格里河汇合到乌伦古河。现在，这条50公里长的河流两岸1公里以内的地方，都划入了河狸保护区的范围。其中河狸分布较多的几个段落，被划作绝对保护区。

生长繁殖

河狸每年繁殖1次，1～2月交配，4～5月产仔，每胎1～6仔，妊娠期为106天左右，哺乳期约2个月，幼仔出生后就会游泳，第3年性成熟。寿命为12～20年。

河狸喜食多种植物的嫩枝、树皮、树根，也食水生植物，杨、柳的幼嫩枝叶。夏季河狸也在岸边采食草本植物，如菖蒲、荆三棱、水葱及禾本科植物等。到了秋季，河狸在晨昏活动频繁，将树枝等咬断1米左右，衔到洞口附近的深水中贮藏，以备过冬时食用。在河狸栖息的地区，时常能见到碗口粗的树桩，这就是河狸的杰作。因为树木、树杈是它们筑坝、垒巢的上好材料，树皮、树叶是它们储备过冬的最好食物。

经济价值

河狸肉味鲜美，皮毛十分名贵，一出水面河狸的皮毛就滴水不沾河狸香腺分泌物为名贵香料——河狸香，是世界上四大动物香料之一，也可作为医药中的兴奋剂。因此，河狸具有很高的经济价值。

河狸广泛活动于200万年前。当时的动物大都早已灭绝，少数则演化为新种，而河狸幸存下来，但体形蜕化得仅有原来的1/10。因此，河狸又被称为古脊椎动物的一种活化石，具有较高的研究价值。

减少原因

1.布尔根河两岸分布着杨、柳等树种组成的天然河谷林，20世纪80年代初保护区刚成立时，这里林草丰茂，但近10年来，由于种种原因，布尔根河流域两岸次生林锐减近60%，河水水位下降1米多；河狸分布范围大大缩小，其他动物和鸟类也极其稀少。由于植被的人为减少，造成水土流失、河床塌陷、河流局部改道，河狸的一些窝也就没有了。由于河狸以植物为食，植被的破坏必定减少了河狸的环境容载量，河狸需要长途奔徙采集食物，也就增加了遭到天敌的机率。

2.布尔根河上的水利设施，人为地阻断了河狸的迁徙路线，导致河狸数量减少。水坝、水电站的建立，由于未修迁徙通道，使中国和蒙古国的河狸不再能上下迁徙，自由“通婚”了。由于发电需要，经常要蓄水。因此，河流的水位变化频繁，而且水位变化范围也很大，对河狸生活影响显著。到了冬季，由于蓄水发电的原因冰层不断加高，水甚至淹没了一些河狸的巢。河狸需要一个干燥的环境，于是它

们只有逃走。

3.河狸是珍贵的毛皮兽，河狸香是极为名贵的香料，故偷猎河狸的现象时有发生。由于张网捕鱼误伤小河狸的情况也有发生。

4.乌伦河水系两岸农牧活动逐年增加，河狸栖息地正在缩减。牲畜不仅与河狸争夺饲料，还损坏河狸的洞穴和地面巢。据统计，1989～1990年保护区的洞穴废弃率增加1倍。废弃洞穴数已超过有效洞数，继续下去河狸难以再寻找到合适的地段修筑洞巢。

5.常住人口剧增。自1992年在保护区内开通与蒙古国通商的口岸，政府有意在此建立一个商镇，要求牧民在此定居，现保护区内常住人口从20年前的2800多人增长到4400多人，并仍然不断增加，可以说保护区有成为开发区的趋势。人口的增加造成资源环境的恶化，是造成河狸濒临灭绝的主要原因。

修河筑坝

不仅人类中有工程师，动物界中也有。它们能修河筑坝，还能伐树搬家。这种动物就是分布于美洲北部、亚洲和欧洲部分地区的河狸。河狸是在水中活动的动物，它们虽身材矮小，但却凭着聪明的头脑掌握了高超精湛的筑坝本领，创造出了很多奇迹。

河狸一般把窝建在水边，主要是为了避开天敌的侵袭。因为狼、山猫、狐狸等天敌不会游泳，这样，聪明的河狸就巧妙地保护了自己。河狸的窝建得较为隐蔽，从岸上很难发现。它的窝内部极为宽敞，便于储存过冬的食物。在窝里还有松软的床铺，而且窝的透气性极好。河狸建窝很有一套办法，它先选好地方，确定洞口朝向，然后

将树木、泥土、石块等混合起来，然后再一层层向上堆，这样就建起了一座堤坝，可以有效地防止水流进窝里。

有一条宽1米、深0.5米的溪流长数百米，溪流上有几座水坝都是由树枝和土筑成的。这些溪流和水坝都是河狸的杰作。据说美国福克斯山附近的哲斐逊河上的大坝是世界上最大的河狸大坝，这条长达652米的大坝高3.6米，基底宽4.5~6米。这么浩大的工程，并不是一两代河狸所能完成的。这样的大坝，所用的木材数量是可想而知的，那么这些木材是它们从哪里运来的呢？原来，河狸不仅是筑坝高手，还是砍伐树木的能手。河狸是啮齿动物，有钢锯一般的牙齿，咬断一棵直径为10厘米的树干只需15分钟。它们还能咬断一棵20~30米高的大树。它们先啃咬树干的一面，到一定程度时，再去咬另一面。当树快要断裂的时候，它们能判断出树的倒向，然后迅速地跑到另一边，而使自己不被树压倒。它们伐树有双重功效，既可修筑水坝，也可寻找食物。河狸以树皮为食，尤其是树干上半部分较嫩的树皮。通过伐树取皮的方法，它们就算不爬树，也可以吃到美食。

河狸虽然有伐树的本领，但是伐好了树木，河狸又是怎样把树送到目的地的呢？聪明的河狸还有一套本领，那就是开凿溪流。它们利用水的浮力把木料送到目的地。因为溪流的地势高低不同，它们会筑几座水坝在溪流上。这样，就保证树木经过的地方都有水。木料被运到一座水坝时，河狸会把木料一端拖上水坝，投入另一段溪流中。这样身长不到一米，体重不过20～30千克的河狸就能将大的木料顺利地送往目的地了。它们想出的办法，真令人由衷赞叹。

河狸的外形有点像老鼠，头小身长，流线型的身体披着褐色的软毛。河狸的鼻孔和耳朵在水中能自行封闭起来，这便于它们在水面游动。河狸强大的肺活量使它们能在水下潜伏很长的时间。它们的后肢粗短，脚像两支桨，在水中划动；扁平宽阔的尾巴，像舵一样帮助它们控制方向。

河狸做事是有始有终的，建完大坝之后，它们会世世代代对大坝进行维护，所以一个大坝能维持很多年。

天才的建筑师——蜘蛛

蜘蛛是节肢动物门、蛛形纲、蜘蛛目所有种的通称。除南极洲以外，全世界六大洲都有分布，陆生。蜘蛛体长1～90毫米，身体分头胸部（前体）和腹部（后体）两部分，头胸部覆以背甲和胸板。头胸部有附肢两对，第一对为螯肢，有螯牙，螯牙尖端有毒腺开口；直腭亚目的螯肢前后活动，钳腭亚目者侧向运动及相向运动；第二对为须肢，雌蛛和未成熟的雄蛛呈步足状，用以夹持食物及作感觉器官；但在雄性成蛛须肢末节膨大，变为传送精子的交接器。

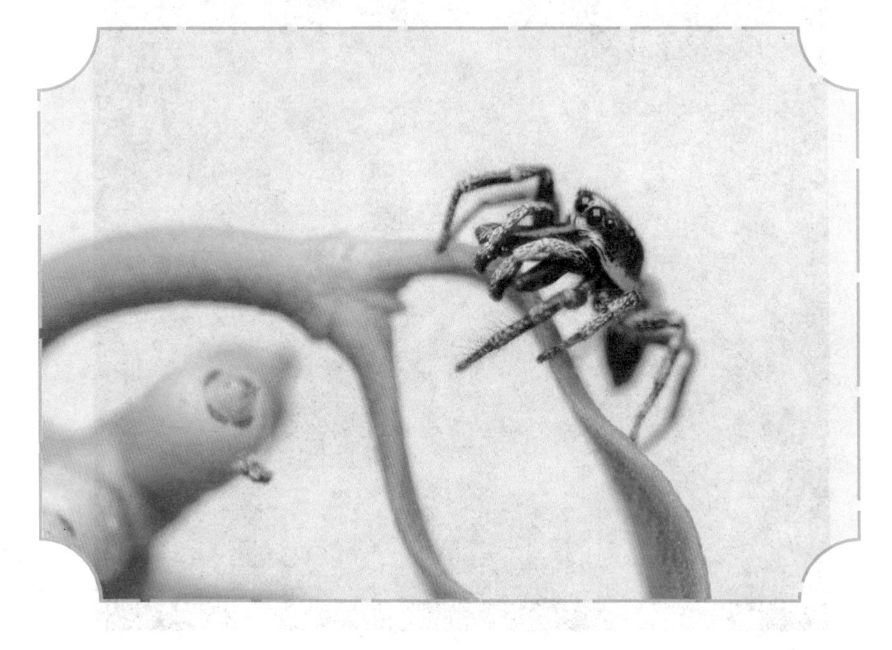

蜘蛛的益处及害处

★益处

蜘蛛对人类有益又有害，但就其贡献而言，主要是益虫。例如，在农田中蜘蛛捕食的，大多是农作物的害虫。同时许多中医药中，都有用蜘蛛入药的记载，因此，保护和利用蜘蛛具有重要的意义。特别是保护稻田蜘蛛有三大好处：一是有效地稳定了生物种群的平衡；二是减少了稻米化学农药残毒，保障人畜安全；三是降低了生产成本，

可获得增产增收。所以，在防治农作物病虫害中，提倡使用高效低毒农药，开展生物防治、保护天敌，两项并举。

★害处

毒蜘蛛会对人类的安全产生威胁，部分蜘蛛也会危害农作物。蜘蛛如果腹部红色就是有毒的，真正的有毒蜘蛛有多少，尚无确切统计，世界上毒性较强的，有球腹蛛科的地中海黑寡妇蛛、甲蛛科的褐平甲蛛、天疣蛛科的澳大利亚漏斗蛛、栉足蛛科的黑腹栉足蛛、捕鸟蛛科的澳大利亚捕鸟蛛等。据统计，美国在1959～1973年间有被Lathroclectustus螫伤病例1726个，死亡55人。线蛛属、捕鸟蛛属等咬伤的伤口较大而深，狼蛛属、园蛛属等咬伤程度则较轻。Phoneutria蛛的毒素很强，以20克小白鼠做试验，从静脉注射0.006毫克毒素，2～5小时内即出现死亡，雌性蛛的毒性要比雄性蛛的毒性强得多，雄性蛛不会给人以致死量的毒素。由于蜘蛛的毒性很强，在巴西、地中海东部、南斯拉夫等国，人们见蜘蛛而生畏。

对农作物危害最大的，要属红蜘蛛：

红蜘蛛又名火龙虫，在枣树上为害的红蜘蛛，主要是棉红蜘蛛和苜蓿红蜘蛛。棉红蜘蛛属蜱螨目、叶螨科，又名棉时螨或二点叶螨，俗称“火珠子”“火龙”。近年来，红蜘蛛在不少枣区发生严重。它危害叶片，吸食叶绿素颗粒和细胞液，抑制光合作用，减少营养积累，严重时使叶片枯黄，造成提早落叶、落果，影响产量。红蜘蛛的寄主，主要有棉花、小麦、豆类、玉米、谷子、芝麻、瓜类、茄子、枣、桑、桃、向日葵和杂草中的夏至草与小旋花等。红蜘蛛对北方枣区的危害，重于它对南方枣区的危害。

红蜘蛛每年的发生代数，因气候条件而异。在北方枣区，1年发生10代以上。繁殖方式主要为两性繁殖，每只雌红蜘蛛平均日产卵

6~8粒。10月中、下旬，雌红蜘蛛迁至树皮缝隙、杂草根际及土块下等处越冬。此时红蜘蛛为橙红色，体侧的黑斑消失。翌年4月下旬，越冬红蜘蛛开始活动，5月下旬开始为害。6月份，早春杂草寄主成熟、枯萎，小麦收割后，环境改变，气温升高，红蜘蛛大量向枣树上转移，并逐渐向树顶和外围扩散为害，6~8月份为害最重。

红蜘蛛的活动与环境条件有关。它活动的最适温度为25℃~35℃；最适相对湿度为35%~55%。高温干燥，是红蜘蛛猖獗为害的主要条件，而不同的耕作制度则影响它的发生数量。比如前茬作物为豆类、谷子、玉米和棉花等，红蜘蛛的越冬基数就大，翌年的发生情况也就比较严重。

种类划分

蜘蛛的种类数目繁多，自然界中蜘蛛有四万多种。这些蜘蛛大致可分为游猎蜘蛛、结网蜘蛛及洞穴蜘蛛三种。第一类会四处觅食，第二类则结网后守株待兔。而人们作为宠物饲养的大多是第三类：洞穴蜘蛛。它们喜欢躲在沙堆或洞里，在洞口结网，网本身没有黏性，纯粹用来感应猎物大小，并加以捕食。

蜘蛛目分2个亚目：①中纺亚目有1科，共20余种；②后纺亚目，约107科，近4万种。

其中，后纺亚目又分原蛛下目和新蛛下目。其中，原蛛下目约有14科，1500余种；新蛛下目约有93科，38000余种。

外形特征

蜘蛛体长从0.05毫米到90毫米不等。身体分头胸部和腹部。部分种类头胸部背面有胸甲（有的没有），头胸部前端通常有8个单眼（也有6个、4个、2个、0个的），排成2～4行。腹面有一片大的胸板，胸板前方两个额叶中间有下唇。腹部不分节，腹柄由第1腹节（第7体节）演变而来。腹部多为圆形或卵圆形，有的具各种突起，形状奇特。腹部腹面纺器由附肢演变而来，少数原始的种类有8个，位置稍靠前；大多数种类6个纺器，位于体后端肛门的前方；还有部分种类具4个纺器，纺器上有许多纺管，内连各种丝腺，由纺管纺出丝。感觉器官有眼、各种感觉毛、听毛、琴形器和跗节器。

蜘蛛体外被几丁质外骨骼，身体明显地分为头胸部及腹部，二者之间往往有腹部第一腹节变成的细柄相连接，无尾节或尾鞭。蜘蛛无复眼，头胸部有附肢6对，第一、二对属头部附肢，其中第一对为螯肢多为2节，基部膨大部分为螯节，端部尖细部分为螯牙，牙为管状，螯节内或头胸部内有毒腺，其分泌的毒液即由此导出。第二对附肢称为脚须，形如步足，但只具6节，基节近口部形成颚状突起，可助摄食，雌蛛末节无大变化，而雄蛛脚须末节则特化为生殖辅助器官，具有储精、传精结构，称触肢器。第三至六对附肢为步足，由7节组成，末端有爪，爪下还有硬毛一丛，故适于在光滑的物体上爬行。

蜘蛛大部分都有毒腺，螯肢和螯爪的活动方式有两种类型，穴居蜘蛛大多都是上下活动，在地面游猎和空中结网的蜘蛛，则如钳子一般的横扫。

蜘蛛的口器，由螯肢、触肢茎节的颚叶、上唇、下唇组成，具有毒杀、捕捉、压碎食物，吮吸液汁的功能。

有些蜘蛛的跗节爪下，有由粘毛组成的毛簇，毛簇有使蜘蛛在垂直的光滑物体上爬行的能力。结网的蜘蛛，跗节近顶端有几根爪状的刺，称为副爪。

大多数蜘蛛的腹部不分节。有无外雌器（称生殖厣）是鉴定雌体种的重要特征。在腹部腹面中间或腹面后端具有特殊的纺绩器，三对纺绩器按其着生位置，称为前、中、后纺绩器，纺绩器的顶端有膜质的纺管，周围被毛，不同蜘蛛的纺管数目不同。不同形状的纺管，纺出不同的蛛丝。纺管的筛器，也是纺丝器官，像隆头蛛科的线纹帽头蛛的筛器上有9600个纺管，可见其纺出的丝是极其纤细的。经由纺管引出体外的丝腺有8种，丝腺的大小及数目随蜘蛛的成长和逐次蜕皮而增加。蜘蛛丝是一种骨蛋白，十分黏细坚韧而具弹性，吐出后遇空气而变硬。

蜘蛛雌雄异体，雄体小于雌体，雄体触肢跗节发育成为触肢器，雌体于最后一次蜕皮后具有外雌器。

生活习性

蜘蛛多以昆虫、其他蜘蛛、多足类为食，部分蜘蛛也会以小型动物为食。跳蛛视力佳，能在30厘米内潜近捕获猎物。蟹蛛在与其体色相近的花上等候猎物。穴居在土中的地蛛筑衬以丝的地穴，洞口有夜间打开的活盖，捕食从洞口经过的昆虫。漏斗蛛织漏斗网，昆虫落网即引起振动。蜘蛛本身居于丝管内，末端窄而通入植物丛或石缝中。

大多数蛛用最少的丝织成面积最大的网，网像一个空中滤器，陷捕未看见细丝的、飞行力不强的昆虫。网虽复杂，但一般在1小时内即能织成。蜘蛛织网多在天亮前完成。若网在捕食时破坏，则另织一新网。蜘蛛自身为什么不被网黏住以及在织网时如何切断弹力极强的丝？这些问题迄今尚未被科学家完全了解。织圆网时，蜘蛛放出一丝，随风飘荡。如果丝的游离端未能黏在某物上，蜘蛛就会把丝拉回吃掉。若该丝牢固地黏在某物（如树枝）上，则蜘蛛从该丝桥上通过，再以丝将它加固。

蜘蛛在桥的中央固着一丝，自身坠在一条丝上往下垂，到地面上或另一树枝上，把此丝粘着。蜘蛛回到中心，拉多根从网中心向四周辐射的辐射丝。然后，蜘蛛爬回网中心，从内向外用乾丝拉成临时的螺旋丝，各圈螺旋丝之间间距较大。然后蜘蛛爬到最外围，自外向网中心安置带黏性的较紧密的捕虫螺旋丝。一边结，一边把先前结的不带黏性的乾螺旋丝吃掉。网全部完工后，有的蜘蛛从网中心拉一根丝（信号丝）爬到网的一角的树叶中隐蔽起来。

若有昆虫投网，透过信号丝的振动便可闻讯而来取食。有的蜘蛛头朝下留在网中心，等候猎物，有猎物时先用丝将其缠绕，再叮咬它并将其携回网中心或隐蔽处进食或贮藏。蝶蛾类较大，易于逃脱，故蜘蛛会

先叮咬后用丝捆缚。有的蜘蛛结共用网，如加彭的社会漏斗蛛筑一大网，几百只蜘蛛共同捕食。蜘蛛在控制某些昆虫的种群上可能起重要的作用。有几种毒蛛的神经毒对人有毒性。织网过程引起科学上的兴趣，并已用于研究影响神经系统的药物（用药后蜘蛛所织的网异于平常）。

蜘蛛以生活及捕食方式可以大致分成结网性蜘蛛和徘徊性蜘蛛。

结网性蜘蛛的最主要特征是它的结网行为。蜘蛛通过丝囊尖端的突起分泌黏液，这种黏液一遇空气即可凝成很细的丝。以丝结成的网具有高度的黏性，是蜘蛛的主要捕食手段。对黏上网的昆虫，蜘蛛会先对猎物注入一种特殊的液体消化酶。这种消化酶能使昆虫昏迷、抽搐乃至死亡，并使肌体发生液化，液化后蜘蛛以吮吸的方式进食。蜘蛛是卵生的，大部分雄性蜘蛛在与雌性蜘蛛交配后会被雌性蜘蛛吞噬，成为母蜘蛛的食物。

徘徊性蜘蛛则不会结网，而是四处游走或者就地伪装来捕食猎物，如高脚蜘蛛，即台湾俗称的虫拿（虫额）。

有的蜘蛛可以用网做成一个气球，随风飘行到别的地方。

蜘蛛对人类而言，并非席上的食物。人类对它甚至惧而远之。鲁迅说过："第一个吃螃蟹的人是很可佩服的，不是勇士谁敢去吃它呢？螃蟹有人吃，蜘蛛也一定有人吃过。不过不好吃，所以后人便不吃了。"（《春的两种感想》）但近来有一些地区如柬埔寨素昆地区就有以贩卖蜘蛛为菜肴的。

蜘蛛主要捕食小昆虫。水边的狼蛛能捕食小鱼虾，捕鸟蛛能捕鸟（据说，但无确切文献记载），南美一种体长7.5厘米的蜘蛛甚至能捕食小响尾蛇。

★化尸大法

蜘蛛猎食时先用毒牙里的毒素麻痹猎物，分泌消化液注入猎物体内溶解猎物，再慢慢吸食，一点儿不漏吃个干净。

★自制保鲜袋

蜘蛛怕光，经常避开透光和透风的地方结网。蜘蛛丝除了用来网罗猎物外，还可用来当保鲜袋，蜘蛛用网将吃剩的食物包好，留待下次食用。

★洁癖

蜘蛛将吃、睡和拉的场所分得很清楚，家养的蜘蛛一般把笼边当垃圾站，在那里大小便及扔食物残渣。

★胃口极秀气

蜘蛛领域感很强，要单独饲养。它们一个月只吃一到两餐，最长可以绝食两个月。食物主要是蟋蟀、草蜢等昆虫，只需在笼里放一块湿海绵给它补充水分，就可以养到成年（七年左右），不用换笼。

并非所有的蜘蛛都有毒（其中妖蛛科的蜘蛛无毒）。即使有毒，也因种类不同而毒性强弱不同。通常市场上的宠物毛蜘蛛毒性比较弱，只要不是故意挑逗不会主动攻击人。即使被咬了也不会有生命危险。它的适应能力很强，不需要精心照顾。蜘蛛可以说是最容易饲养的宠物。

★价值

蜘蛛丝可望用于制造高强度材料，俄罗斯科学院基因生物学研究所专家正在积极研究利用蜘蛛丝来制造高强度材料。蜘蛛腹部后方有一簇纺器，内通体内的丝腺。该腺体分泌的蛋白质黏液能够在空气中凝结成极牢固的蛛丝。据俄《莫斯科共青团员报》报道，俄科学院基因生物学研究所专家在对由蛛丝编结成的、具有一定厚度的材料进行实验时发现，这种材料硬度比同样厚度的钢材高9倍，弹性比最具弹力的其他合成材料高2倍。专家认为，对上述蛛丝材料进一步加工后，可用其制造轻型防弹背心、降落伞、武器装备防护材料、车轮外胎、整形手术用具和高强度渔网等产品。

生长繁殖

在交配前，雄蛛织一精网，从生殖孔产一滴含精子的液体到精网上，然后把精子吸入触肢器内。有的在交配时有求偶动作，如狼蛛和跳蛛挥动其须肢。欧洲的盗蛛雄体将用丝包住的蝇等献给雌体，在雌蛛取食时与之交配；找不到蝇时以小石块代之。多数雄蛛在交配时用左须肢插入雌蛛生殖板上的左侧开孔，右肢插入右侧孔。精子入生殖板后，移入与输卵管相通的受精囊，卵通过输卵管至生殖孔排出的过程中即受精。有的雄蛛于交配后将交接器再充以精液，并与同一雌蛛再次交配。交配后，有些种类的雄蛛在雌蛛生殖板上涂一种分泌物（生殖栓），阻止雌蛛再交配。有的雄蛛在交配后为雌蛛所食，但这种情况不常见。黑寡妇雄蛛交配后数日死亡，偶因交配后太衰弱被雌蛛捕食。为什么雄蜘蛛甘愿牺牲自己？加拿大科学家安德雷在美国《科学》杂志刊文破译了其中的秘密。她用颜料标记雄赤背蛛，看它们怎么找到雌蛛的网，却发现大部分雄蛛在找到另一半之前就离开了这个世界。

像其他种类的雄蛛一样，它们成熟后就不吃不喝，只能靠之前储存的能量过活，根本经不起长途跋涉的折磨。瘦小的赤背雄蛛待在自己的网内倒也挺威风，一旦远离避风港，连蚂蚁都敌不过。

最终，只有20%的雄蛛能成功到达雌蛛的蜘蛛网——安德雷相信：正是因为机会来之不易，为了后代繁衍，雄蛛才甘愿献出自己的生命。

当雄赤背蜘蛛将输精器官插入雌蜘蛛体内时，会以前肢为支点倒立，让身体悬挂在雌蛛嘴边。它一边注入精液时，比它身体大100倍的雌蛛一边开始咀嚼它的尾部。

更奇妙的是，雄蛛有逃命的机会。它有两个交配器官，其中一个输精完毕后，可以虎口逃生，捡回一命。但是在20分钟内，雄蛛通常会重返雌蛛网，进行第二次交配，这一次，雌蛛再也不会嘴下留情。

那为什么雄蛛要采取自杀式奉献呢？

由于雌性赤背蜘蛛将精子储存在特殊的器官里，安德雷将该器官取下，想通过实验手段干预赤背蛛的交配时长。

在显微镜的帮助下，安德雷用切片数出交配后雌蛛接收到的精子数，发现交配时长与输送的精子数密切相关——与雌蛛进行两次交配的雄蛛，比起只交配一次的雄蛛要多输送1000多条精子。原来，为了这1000多条精子，为了整个种族的延续，雄性蜘蛛不惜献出自己的生命——这对羸弱的雄蛛而言是最划算的选择，因为，它不能保证有力气会活着找到另一只雌蛛交配。

安德雷终于理解了，蜘蛛绝恋背后的秘密。

有的雌蛛仅交配一次，有的可相继与多个雄体交配，交配后雌蛛产一个卵袋，内有数个到一千个卵，或产数个卵袋，其中所含的卵一次比一次少。有的种类在产完最后一个卵袋或照顾幼蛛后即死去，这类雌蛛一般寿命1～2年。

一些原始的种类卵袋由数层丝组成，球形或盘形，附在石上，有的雌蛛守卫卵袋。而狼蛛把卵袋随身携带在螯肢或纺绩突上。幼狼蛛孵出后爬到母蛛背上，约10天后才离去。有的雌蛛要带幼蛛晒太阳，有的雌蛛会哺喂幼蛛。欧洲有一种蜘蛛，母蛛在幼蛛开始取食时死去，成为幼蛛的食物。幼蛛似成蛛，随蜕皮数次而成熟。雌蛛蜕皮6～12次，雄蛛2～8次。有的在孵出前已蜕皮1～2次。直螯类需3～4年成熟。多以未成年蛛越冬。发育及蜕皮受激素控制。许多幼蛛能爬上叶尖或树梢，抬起腹部，放出几束丝藉风力飘至他处而散播。

蜘蛛不但雌雄异形，雄小于雌，而且有的异色，如跳蛛科的雄性体色明亮，雌性体色晦暗；巨蟹蛛科的雄性背面有红色斑纹，雌性全为绿色。

雄性蛛比雌性蛛的性成熟时间早，雄性蛛出现的时间短，一般采集到的大多是雌性蛛，蜘蛛的交尾方式独特，如交尾后，雄性不被雌蛛杀死而能逃脱者则能再次交尾。

内部构造

蜘蛛在内部构造上较特殊的是呼吸器官的书肺，书肺内部为一囊状，每一囊的囊壁向内突入许多叶状褶皱，如同书页一样。蜘蛛毒腺为圆筒状，腺壁由一层细胞构成，毒腺的前方有导管，在螯爪的前端附近开口，毒腺分泌出毒液，对小动物有致死效果，有的也能危及人类生命，如被红斑毒蛛或穴居狼蛛螯咬后，必须及时治疗，否则会危及生命。

蜘蛛为食肉性动物，其食物大多数为昆虫或其他节肢动物，但口无上颚，不直接吞食固定食物。当用网捕获食饵后，蜘蛛先以螯肢内的毒腺分泌毒液注入捕获物体内将其杀死，由中肠分泌的消化酶灌注在被螯肢撕碎的捕获物的组织中，很快将其分解为液汁，然后吸进消化道内。

蜘蛛为肉食性，食性广，但主要是捕食昆虫，有时能捕食到比其本身大几倍的动物，如南美的捕鸟蛛，它有时捕食小鸟、鼠类等。

消化道分为前肠、中肠及后肠三部分。前肠包括口、咽、食道及吸吮胃，管状的咽及吸吮胃都可把液体食物吸进消化道并运至中肠。中肠包括中央的中肠管及两侧的盲囊。中肠之后为后肠，是排泄物汇集的地方。

排泄器官是一对起源于内胚层的马氏管。除马氏管外，幼蛛还有一对基节腺进行排泄。但成蛛的基节腺多退化，没有排泄作用。

生活方式

蜘蛛的生活方式可分为两大类，即游猎型和定居型。游猎型者，到处游猎捕食，居无定所，完全不结网、不挖洞、不造巢的蜘蛛。有鳞毛蛛科，拟熊蛛科和大多数的狼蛛科等都属于此类型。定居型者，有的结网、有的挖穴、有的筑巢作为固定住所。如壁钱、类石蛛等都属于此类型。蜘蛛似乎“懂礼貌”，凡营独立生活者，个体之间都保持一定间隔距离，互不侵犯。

与一般昆虫相比，蜘蛛是长寿命者，大多数蜘蛛完成一个生活史，

一般为8个月至2年。雄性蛛是短命的，交尾后不久即死亡。其他如水蛛和狡蛛能活18个月，穴居狼蛛能活2年，巨蟹蛛能活2年以上，还有捕鸟蛛的寿命长达20～30年。

所有的蜘蛛都利用丝。丝由丝腺细胞分泌，在腺腔中为黏稠的液体，经纺管导出后，遇到空气时很快凝结成丝状，强韧而富有弹性。

网穴蜘蛛，白天在网内，夜晚守在洞口，伺机猎食或外出觅食。雄蛛在土块下挖一浅坑，穴居狼蛛在地下挖一垂直的深洞，舞蛛在洞口还加编了活盖。这种活盖是由多个丝层构成的。庞蛛的洞深达1米，该蛛体小，毒性强，一旦咬伤穴兔后，穴兔四分钟即死亡。

幼蛛在开始结网生活时，蛛丝如附着不到任何物体时，恰好有上升的气流，则腾空而起，在空中顺着风飘飞，如园蛛科、狼蛛科、盗蛛科、跳蛛科等，都有“飞行”本领。如果一种被称作气球的蜘蛛对人类造出的气球感兴趣的话，也会鄙视人造气球的。这种蜘蛛在一个无风的阳光照耀下的夏日，会织出一根丝线，在太阳光的温暖下笔直地伸向空中。它像翱翔的鸟一样，先找到一处有上升气流的地方再吐丝，还是先吐丝再利用周围的热分子形成上升气流，这点不得而知，但不管怎样，丝线上升、再上升，直到蜘蛛知道丝线能托起自己的身体。它笨重的身体被一根不足它体重百分之一的丝线托起并支撑。此刻的标准化条件是集合了所有不可思议的细微调整而产生的，包括对阳光、风力、长度和所织丝线长度的调整。它能在几个小时内顺风翱翔数千米。

蜘蛛天敌

蜘蛛的天敌很多。蟾蜍、蛙、蜥蜴、蜈蚣、蜜蜂、鸟类都捕食蜘蛛。有的寄生蜂也寄生于蜘蛛卵内，有的寄生蝇的幼虫在蜘蛛卵袋中发育，小头蚊虻昆虫几乎全部都是以幼虫的形式寄生到蜘蛛体内。蜘蛛常用多种方法来御敌，如排出毒液、隐匿、伪袋、拟态、保护色、振动，等等。当它的附肢被敌害夹持时，蜘蛛会干脆切断自己的附肢一走了之，反正自断的步足在蜕皮时还会再生。

蜘蛛建巢

蜘蛛在母性方面的表露甚至比猎取食物时所显示的天才更令人叹服。它的巢是一个丝织的袋，它的卵就产在这个袋里。它这个巢要比鸟类的巢神秘，形状像一个倒置的气球，大小和鸽蛋差不多，底部宽大，顶部狭小，顶部是削平的，围着一圈扇蛤形的边。整个看来，这是一个用几根丝支持着的蛋形的物体。

巢的顶部是凹形的，上面像盖着一个丝盖碗。巢的其他部分都包

着一层又厚又细嫩的白缎子，点缀着一些丝带和一些褐色或黑色的花纹。这一层白缎子的作用是防水的，雨水或露水都不能浸透它。

在巢的中央有一个锤子一样的袋子，袋子的底部是圆的，顶部是方的，有一个柔嫩的盖子盖在上面。这个袋子是用非常细软的缎子做成的，里面就藏着蜘蛛的卵。蜘蛛的卵是一种极小的橘黄色的颗粒，聚集在一块儿，拼成一颗豌豆大小的圆球。这些是蜘蛛的宝贝，母蜘蛛必须保护着它们不受冷空气的侵袭。

为了防止里面的卵被冻坏，仅仅使巢远离地面或藏在枯草丛里是远远不够的，还必须有一些专门的保暖设备。在这层防雨缎子的下面是一层红色的丝。这层丝不是像通常那样的纤维状，而是很蓬松的一束。这种物质，比天鹅的绒毛还要软，比冬天的火炉还要暖和，它是未来的小蜘蛛们的安乐床。小蜘蛛们在这张舒适的床上就不会受到寒冷空气的侵袭了。

蜘蛛做袋子的时候，慢慢地绕着圈子，同时放出一根丝，它用后腿把丝拉出来叠在上一个圈的丝上面，就这样一圈圈地加上去，就织成了一个小袋子。袋子与巢之间用丝线连着，这样使袋口可以张开。袋的大小恰好能装下全部的卵而不留一点空隙，也不知道蜘蛛如何能掌握得那么精确。

产完卵后，蜘蛛的丝囊又要开始运作了。但这次工作和以前不同。只见它先把身体放下，接触到某一点，然后把身体抬起来再放下，接触到另一点，就这样一会儿在这，一会儿在那，一会儿上，一会儿下，毫无规则。这种工作的结果，不是织出一块美丽的绸缎，而是造就一张杂乱无章、错综复杂的网。

接着它射出一种红棕色的丝，这种丝非常细软。它用后腿把丝压严实，包在巢的外面。

然后它再一次变换材料，又放出白色的丝，包在巢的外侧，使巢的外面又多了一层白色的外套。而且，这时候巢已经像个小气球了，上端小，下端大，接着它再放出各种颜色不同的丝，赤色、褐色、灰色、黑色……它就用这种华丽的丝线来装饰它的巢。直到这一步结束，整个工作才算大功告成了。

蜘蛛开着一个多么神奇的纱厂啊！靠着这个简单而永恒的工厂——它可以交替做着搓绳、纺线、织布、织丝带等各种工作，而这里面的全部机器只是它的后腿和丝囊。它是怎样随心所欲地变换“工种”的呢？它又是怎样随心所欲地抽出自己想要的颜色的丝呢？只能看到这些结果，却不知道其中的奥妙。

建巢的工作完成后，蜘蛛就头也不回地跨着慢步走开了。再也不会回来，不是它狠心，而是它真的不需要再操心了。时间和阳光会帮助它孵卵的，而且，它也没有精力再操心了。在替它的孩子做巢的时候，它已经把所有的丝都用光了，再也没有丝给自己张网捕食了。况且它自己也已经没有食欲了。衰老和疲惫使它在世界上苟延残喘了几天后安详地死去了。这便是那匣子里的蜘蛛一生的终结，也是所有树丛里的蜘蛛的必然归宿。

蜘蛛网

正当《蜘蛛侠》进入各大影院之际，一种新的蜘蛛种类被发现了，这种蜘蛛有一个“绝活”，它能织出极其规则的蛛网。在此之前，已发现四例有如此测量和创造对称网能力的蜘蛛，如今，发现了第五例，这更激发了人们对此类蜘蛛的兴趣。

一位科学家对蜘蛛已经有了二十多年的研究，他说：“这是一个很有趣的事情，因为它看起来似乎没有任何道理，你看不出对称网的任何优势，然而这却是蜘蛛的一种进化。”他还表示这不可能是进化中的偶然性，恰好使这些蜘蛛具备了这种测量的能力，这种进化肯定有一个原因，只是目前我们还不知道而已。

在近四万多个蜘蛛种类中，所有的蜘蛛都能吐丝，但只有一半种

类可以用丝织网，其余的只会用丝缠绕食物或卵，或编一个很小的临时的掩蔽处，或者像蜘蛛侠那样在跳跃的时候织一根安全带。

蛛丝是从纺绩器出来的，纺绩器通常位于腹部的后部。纽约康奈尔大学昆虫学院的助理教授琳达·瑞伊尔说：“丝在腹部中时以液体的形式存在，而出来后却变成了固体的丝，研究人员一直在研究这是如何发生的。蛛丝比同样宽度的钢铁要坚硬的多也具有更大的柔韧性，它可以伸展到其长度的200倍。”

每种蜘蛛都有自己的一种织网类型，这是天生的。这使得专家可以很容易地根据织网类型辨认蜘蛛种类。一位科学家说：“给我地球上任何一种网我都可以说出织这种网的蜘蛛种类，就像一位艺术家一眼就能区分出米开朗基罗和梵高的作品。”

但是，正如各张绘画都是独特的，各个网也是由每只蜘蛛根据具体空间而织造的，纽约Vassar学院生物学教授说：“蜘蛛会根据风和周围植被情况修改网的设计。”

这位科学家说："现在所知的最好的对称网是由那些圆球蜘蛛编织的，大约有5000种编圆球网的蜘蛛。"圆球网由辐形圆组成，中部突出成螺旋状以诱捕食物。他说："蜘蛛创造对称网并不比非对称网能捕获更多的食物，那么它们为什么要费劲织这种规则网呢？"

目前还没找到能解释蛛网对称的原因。但是瑞伊尔猜测，辐形蛛网的对称性可能有生物动力学原因。一张蛛网要有实用性，必须编织得让昆虫无法挣脱或者弹跳出去。瑞伊尔说："当昆虫碰撞入网，蛛网必须承受住碰撞力，而对称网的优势可能在于它可以使这种力均匀地分布在全网以减少某一处的受力，这样可以尽可能地避免网被撕破。"

结网性蜘蛛的最主要特征是它的结网行为。蜘蛛通过丝囊尖端的突起分泌黏液，这种黏液一遇空气即可凝成很细的丝。以丝结成的网具有高度的黏性，是蜘蛛的主要捕食手段，可为什么蜘蛛在结网过程中不会粘住自己呢？

原来蜘蛛的腿跟部位分泌一种特殊的油状液体，正是这种液体的润滑作用，让蜘蛛可以来去自如，如履平地。蜘蛛腹部的末端有好几个纺丝器，可以纺出不同的蛛丝。有的蛛丝没有黏性（乾丝），有的有黏性（黏丝）。蜘蛛织网的时候，先用不带黏性的蛛丝织出支架，以及由中心向外放射的辐丝，再用带黏性的蛛丝，织出一圈圈螺旋状的螺丝。蜘蛛只要不碰到螺丝，就不会被黏住了。也就是说，蜘蛛都是在不带黏性的蜘蛛丝上移动，所以不会被黏住。

科学家解释说，随着蜘蛛年龄的增长，它的神经系统会逐渐老化，织出来的网也没那么好了。这项对蜘蛛网的研究，也可以解释人类行为随年龄增长的一些变化。

研究人员发现，普通的蜘蛛在生命的暮年会失去结网能力。这项研究成果出自法国南锡大学的博士生迈林·阿诺托。她说，12个月的短暂生命为研究老龄化过程的绝佳实验对象。她在2011年7月2日格拉斯哥（Glasgow）举行的实验生物学学会会议上提交自己的研究成果。

欧洲有一种蜘蛛叫Zygiella x-notata。在17天大的这种年轻蜘蛛结的网整齐均匀有规则，角度完美精确；但4个月大（相当于中年）的时候结的网可能出现缺口，形状怪异。蜘蛛越老，结的网就越没有章法，越错误百出，有很多缺口，网眼也要大得多；等到8个月大（距离蜘蛛死亡仅剩27天），它结的网只能用一团糟来形容。随着时间的流逝，这种蛛形纲动物简单的大脑也会像人一样退化，它的脑子也会“不灵光”。

蜘蛛已经在地球上至少结了1.4亿年的网。最早的蜘蛛网在东萨塞克斯郡贝斯希尔海滩上发现的白垩纪琥珀中，由一种类似今天十字圆蛛的生物所结。

千奇百怪的蜘蛛

蜘蛛是最常见的动物。世界上大约有4万种蜘蛛，除南极洲外，各地都有分布。它们有的外貌奇丑、有的步履蹒跚、有的能走善跳，可

谓千奇百怪。

★最大的蜘蛛

世界上最大的蜘蛛是生活在南美洲的潮湿森林中的格莱斯捕鸟蛛。

它在树林中织网，以网捕捉自投罗网的鸟类为食。雄性蜘蛛张开爪子时有38厘米宽，重量约为120克，毒爪的长度为2.5厘米。当它咬住猎物时，先设法使猎物不能动弹，然后，将消化液注入猎物体内，这时，它就可以喝到美味了。

★最小的蜘蛛

巴图迪古阿蜘蛛是世界上最小蜘蛛，正因为它实在太小，以至于没有人拍摄到它的踪迹。这是一种“暗杀者蜘蛛”，它的体型很小，体长仅有八分之一英寸，是蛛形纲动物中体型最小物种之一。它拥有独特的下颚和奇特延伸型的颈部，能够远距离捕捉猎物。巴图迪古阿蜘蛛，它们的微型身体仅有0.015英寸，可以轻易地停落在一根大头针的针头上。

★名称古怪的蜘蛛

在所有动物中，名称最古怪的要算生活在夏威夷的卡乌阿伊岛上某些洞穴里的一种盲蜘蛛了。这种蜘蛛叫无眼大眼蛛。原来，根据各方面的特征它都属于大眼蛛科，只是由于它久居洞穴，造成双目失明，空留下“大眼”之称。

★子食母的蜘蛛

红螯蛛就是子食母类蜘蛛的一种。红螯蛛的幼蛛附着在母蛛体上啮食母体，母蛛也安静地任其啮食，一夜之后母蛛便被幼蛛啮食而亡。

★猎人蛛

澳大利亚境内有一种大型蜘蛛叫猎人蛛，大的约有半斤多重，有八条腿，相貌丑陋，但却是捕捉蚊虫的好手，凡敢于来犯的蚊子无一能够生还，具有猎人般的本领。同时，这种猎人蛛含有大量蛋白质，是土著人的上乘佳肴。

★捕鸟蛛

树息捕鸟蛛是自然界中最巧妙的猎手之一。它有喷丝织网的独特本领，在树枝间编织具有很强黏性的网，一旦小鸟、青蛙、蜥、蝎和其他昆虫落入网中，必定成为食鸟蛛的口中之食。食鸟蛛一般多在夜间活动，白天隐藏在网附近的巢穴或树根间，一有猎物落网，它就迅速爬过来，抓住猎物，分泌毒液将猎物毒死然后吃掉。由于它十分凶悍，人类也得提防。捕鸟蛛织的蛛网能经得住300克的重量。1975年，在墨西哥曾发现一株大树的几根树枝，被一张巨大而多层的蛛网所遮盖，最大的网竟能将一棵18.3米高的大树上部3/4的树枝遮蔽掉。

★投掷蜘蛛

在哥伦比亚有种奇特的“投掷蜘蛛”，它不是拉网捕食，而是将自己的丝滚成圆球，当有猎物时，它就准确地将黏丝球一掷，击中猎物，顺势一拉，使其成为美食。同时，它还能放出一种蛾类性外激素，来吸引蛾子。

★漏斗蜘蛛

澳大利亚有一种生活在灌木丛或草地上的漏斗蜘蛛。它身上有一个毒囊，其中有毒性极强的毒汁。人兽或家禽被它咬伤，几分钟内便有丧失生命的危险。

★毒蜘蛛

伦敦一家百货商店的老板哈斯维尔，每晚用两只毒蜘蛛替他守店，说来也妙，这种毒蜘蛛看门，使得盗贼纷纷逃遁。几年来，该店从未丢失过任何东西。原来这种毒蜘蛛有两种致命的毒素，一旦被它咬中，轻则剧痛难忍，长期不愈；重则会导致死亡。

★吃人的蜘蛛

在南美洲亚马孙河流域的一些森林或沼泽地带，成群地生活着一种大型蜘蛛——黑寡妇蛛。这些蜘蛛喜欢生活在日轮花附近。原来这种花又大又美丽，长得十分娇艳，花型类似日轮，有兰花般的诱人香味。它能将一些不明真相的人吸引到它的身边。不论人接触到它的花还是叶，它很快将枝叶卷过来将人缠住，这时它向黑寡妇蜘蛛发出信号，成群的黑寡妇蜘蛛就过来吃人了。黑寡妇蜘蛛吃了人的身体之后，所排出的粪便是日轮花的一种特别养料。因此，日轮花就尽全力地为黑寡妇蜘蛛捕猎食物。它们狼狈为奸，凡是有日轮花的地方，必有吃人的黑寡妇蜘蛛。当地的南美洲人，对日轮花十分恐惧，每当看到它就会远远避开。

★织渔网的蜘蛛

在巴布亚新几内亚，人们用来捕鱼的渔网是由蜘蛛织成的。人们只是把渔网的基底织好，然后将“半成品”挂在两棵树之间，再由蜘蛛去完成大部织网工作。

★跳蛛物种

巨牙跳蛛这一名字显示出这一物种的三种特征：一种蜘蛛，长着巨大的牙齿，擅长跳跃。2012年这一新物种发现于婆罗洲基纳巴卢山公园，它们使用巨大的牙齿进行争斗，同时，该物种的发现者——荷兰自然生物多样性研究中心的研究人员还观察到了它们的交配过程。婆罗洲基纳巴卢山公园生活着大量的蜘蛛新物种，2012年科学勘测中就发现奇特跳蛛物种10~15种。

★纺织娘子——圆网蛛

圆网蛛是一位纺织大师，它织网的目的就是为了捕食。在昆虫世界里，还没有哪种昆虫像蜘蛛一样，为了捕食要下这么大的功夫。由此看出，蜘蛛还真是昆虫里的另类。

蜘蛛很常见，但是要想看到它们完整的纺织技术表演，还是很不容易的，因为它们干起工作来很细致，对任何一个细节都是一丝不苟的，要是我们没有足够的时间和耐心，就会错过很多精彩的瞬间。

在炎热的七月，距太阳落山还有两个小时的时候，这时的太阳已经不再毒辣，天气也凉爽了很多，圆网蛛开始走出自己的隐蔽所，要工作了。它先选好一个地方，这个地方可能是两朵花之间，也可能是一段矮树枝和一堆灌木丛之间，总之，只要圆网蛛觉得这个地方比较中意就行了。然后，它开始从这端走到那端，在很窄小的范围内，用后步足的剥棉栉从丝袋里拉出一根丝固定在上面，这个就是它们的准备工作。不过，这好像并不是按照计划进行的，它们只是随便到一处就拉一根丝，上上下下，左左右右，走到哪里，全凭心情，根本不是按照图纸来进行，看起来就像乱七八糟的一堆乱丝。

也许在我们的眼里，圆网蛛最初搭的框架很糟糕。可是，对于这些天生是纺织高手的圆网蛛来说，却完全不是这么回事。它们比我们要内行得多，虽然框架看起来很无序，但是很实用，也符合它们的要求。只要这个框架很牢固，圆网蛛就可以在上面自由地行动。

可是，这些初步搭好的框架时常会遭到破坏，因为经常有眼神不好的昆虫撞在上面，为了逃脱，它们会拼命挣扎。所以，圆网蛛要经常对框架进行修缮，这个工作几乎每天傍晚都要做。在这一点上，小圆网蛛就比不过老圆网蛛，因为老圆网蛛的网相对结实些，能够保存一段时间，从而让老圆网蛛省了许多力气。

接下来，圆网蛛把一根丝横穿在框架的上方，在这根丝的中间，会有一个白点，这个白点是插在网子中心的一个标杆，非常重要，圆网蛛以后的织网工作都要以这个白点为参照点。

圆网蛛开始工作了！它以这个白点为出发点，顺着那根丝来到框架的周边，然后再猛然一跳，从边上返回到中心点，就把一根辐射丝拉好了。圆网蛛如此来来回回很多次，通过我们完全想不到的角度，更没有什么顺序和章法，就把一条条辐射丝铺设在框架上了。如果哪根辐射丝长了，圆网蛛就会在中心点上对丝进行调整，把丝拉直后，

对于多余的部分，它就把丝聚在中心点上。如果拉出的丝刚好合适，这个整理工作就可以省略了；要是长了，就要把长出来的丝作处理。刚开始，这个中心点就是一个白点，当聚集的丝多了，就成了一个小线团，圆网蛛就把它当坐垫使用。为了使坐垫更坚固和耐用，圆网蛛在铺辐射丝时也对坐垫进行加工，一方面可以坐着更舒服，一方面还可以对辐射丝起到牢固和支撑作用。

圆网蛛铺设的这些辐射丝，虽然看上去显得很杂乱，但丝的疏密都很有讲究，铺的方法更体现了科学性。当圆网蛛从中心点向边上铺设了几条后，它会再从边上向中心点拉几条。它的动作看似很不经意，其实，这样做很有道理。如果圆网蛛总是从中心点向边上铺丝，这些辐射丝会因为没有对抗的辐射丝来抵抗张力，使整个框架发生变形，那样就会毁了圆网蛛前期的工作。所以，聪明的圆网蛛为了避免此类事情发生，会分别从中心点和边上铺丝，这样，两边的辐射丝互相对抗，整个框架就更加牢固和结实。

现在，框架上已经有了许多辐射丝，这些辐射丝之间的距离大致相等，组成了一个太阳形的图案。不同种类的圆网蛛织网时，辐射丝的数量也有所不同，多的有42根，少的则只有21根。反正不管数量多少，只要能织成牢固的网，多点儿少点儿都没关系。辐射丝铺设完毕以后，圆网蛛会在小坐垫上歇一会儿。它下一步的工作很精细，不像铺辐射丝那样简单而没规律。圆网蛛从中心点出发，用一根非常细的丝绕着辐射丝铺设螺旋形。随着这个工作的全面展开，铺设螺旋形的丝会变得越来越粗。虽然圆网蛛是按着圆圈的形状来铺设的，但是铺出来的丝并不是曲线，都是直线，只是这种直线都是很短的，组成了一个不太规则的圆圈。圆网蛛用两只脚配合做这个工作，一只脚把丝拉出来，另一只脚根据实际的距离调整宽度，当丝与辐射丝接触后，就会黏合在一起。要是圆网蛛觉得两个横档的距离有些近，它会把认为没用的那一根边走边收回来，聚拢成一个小球，放在一个螺旋丝与辐射丝的连接点上。当这个球比较大时，可以在蛛网上看得出来，要是球比较小，就看不清楚了。螺旋丝大概铺三十到五十圈就可以了，不同的圆网蛛有不同的圈数。

整个蛛网快铺设好了，还有一点儿收尾工作，那就是处理网中间的那个小坐垫。你可能会想，既然网已经织好了，这个坐垫不如扔掉吧！圆网蛛可没有这么浪费，扔掉？那多可惜呀，还是吃掉吧，虽然消化起来可能很费力。织网的工作全部完成后，圆网蛛终于可以休息了。它坐在网的中间，摆好捕猎的姿势，只等愿者上钩。

蜘蛛的电报线

在蜘蛛这个大家庭里，大多数的蜘蛛都不会待在网上等待猎物的到来，而是躲在旁边，即使在阳光很强的时候也待在上面，大概是因为它们很喜欢阳光的爱抚。这就产生了一个问题，虽然网挂在那里，但主人却不在那里，如果某个不长眼的昆虫撞在网上逃脱不掉，主人

么发现有猎物了呢?

蜘蛛捕获猎物，靠的并不是视力。它们是高度近视，而且，在漆黑的夜晚，视力好坏根本就无关紧要。

蜘蛛白天躲在暗处的埋伏地里，会有一根丝从网的中心拉出来，一直延伸到蜘蛛的埋伏地。

这根从中心点拉出来的丝起到了导线的作用，会把网上猎物挣扎的地点传给蜘蛛。这根丝就是一个收集信号的导线，也就是蜘蛛获取猎物的电报线。

一只苍蝇落在蛛网上，拼命挣扎着，想挣脱黏在身上的蛛网。这时，蜘蛛立刻顺着那根丝跑来了，高兴地奔向苍蝇，用丝把它捆起来，咬了苍蝇一下，然后就把它拖到隐蔽的地方大吃起来。这种电报线，所有的蜘蛛都会设置，可年轻而精力旺盛的壮年蜘蛛却不大采用，因为它们随时会去网上巡查。但对于那些老年蜘蛛来说，就显得很有必要，原因是它们隐蔽的地点一般离蛛网较远，又喜欢长时间睡觉，这根电报线就成了它们获取信息的重要来源。

第二章
动物中少为人知的建筑高手

最能表现动物建筑技巧的，自然是它们的巢穴。比如，一只鸟从生活地附近寻找到合适的材料，将自己的安身之地修筑得结实、完美，哪怕历经最强烈的风暴也能安然无恙；一只旅鼠的领地是曲径通幽的地下洞穴，总长度可达200米，一般由好几个洞连在一起，更令人称奇的是，这些迷宫般的洞穴里甚至还有贮藏室和具有自动净化功能的“厕所”。这些都不能不说是动物工程技术上的小小奇迹。

集体公寓设计师——织布鸟

织布鸟，属雀形目，织布鸟科，有70个不同的品种。大多数织布鸟吃种子，尤其是草籽，但也有吃虫子的。它们会在树干上跳上跳下，在树皮中找虫子吃。一年中，只有在繁殖季节之外，雄鸟才有着鲜艳的羽毛。其他时间里，雄鸟和雌鸟都呈暗褐色。它们在有树木的地方生活，并在树上筑巢。织布鸟是鸟类乃至动物中最优秀的纺织工之一。织布鸟常常活动于草灌丛中，营群集生活，常结成数十以至数百上千只的大群。织布鸟的特色在于它们能够用草和其他植物编织出它们的窝来。织布鸟主要分布于非洲热带和亚洲。

外形特征

织布鸟大小似麻雀，嘴强健；第1枚飞羽较长，超过大覆羽；大多数雄鸟一年有两种羽色，非繁殖季节雄鸟羽色似雌鸟。

生态习性

织布鸟主要活动于农田附近的草灌丛中，营群集生活，常结成数十以至数百只的大群。性活泼，主要取食植物种子，在稻谷等成熟期中，也窃食稻谷。繁殖期兼食昆虫。在繁殖期中，常数对或10余对共同在1棵树上营巢。巢呈长把梨形，悬吊于树木的枝梢，以草茎、草叶、柳树纤维等编织而成。每窝产卵2～5枚。卵纯白色。

鸟巢特点

产于非洲西南部的织布鸟，有着巨大的公有巢。公有巢常高达3公尺，一般筑於金合欢属大乔木上，内含100个以上的独立巢室，巢底有许多开口。产於非洲中部低地雨林的卡森织布鸟，以长棕榈叶条筑成悬巢，巢有向下延伸逾60公分的宽广入口。产於非洲稀树草原，有时成为农业害鸟的红嘴织布鸟，根据报导其巢群覆盖了数平方里的树，巢群中藏着数百万只鸟。一般产於潮湿多草区的寡妇鸟属寡妇鸟，编织的巢入口在侧面。维达鸟属的维达鸟则为群居寄生性鸟，它们将卵产于其他种织布鸟的巢内，并由其他种织布鸟为其哺育幼雏。

筑巢繁殖

织布鸟繁殖期的雄鸟羽毛呈黑色和黄色，鲜艳夺目。也是这个时期雄鸟们便开始了一场编织吊巢的角逐。它们先把衔来的植物纤维一端紧紧地系在选好的树枝上，喙爪用来回编织、穿网打结的方式，织成吊巢。雌性呈淡黄色或褐色，有些像麻雀。繁殖季节过后的雄性会退去色彩鲜艳的羽毛，变得像雌鸟一样很不显眼。

雄鸟负责筑巢。首先，它用草根和细长片的棕榈叶织成一个圈，再不断添进材料，一直到织成一个空心球体，然后再加上一个长约60厘米的入口就算完成了。

雄鸟编织吊巢的过程中时不时倒吊展翅，向雌鸟炫耀。而雌性鸟

则在一旁充当监工的角色。雌鸟对“婚房”的品质十分挑剔。如果雌鸟不满意，雄鸟就会自动拆除辛勤织起来的吊巢，并在原处重新设计和编织一个更精巧的吊巢。如果这次博得了雌鸟的赞许，它们便订下了终身大事，共同布置装点“新房”。雌鸟从入口钻进去，用青草或其他柔韧的材料装饰内部，在巢内飞行通道的周围，雌鸟还特意设置了栅栏，以防止鸟卵跌出巢外。一切工作结束之后，雌鸟便在巢内安然地产卵、孵化、照料幼鸟。

织布鸟属

分类地位：织布鸟属是脊索动物门、脊椎动物亚门、鸟纲、雀形目、文鸟科的一属。

大种属分布：全世界有58种，主要分布于非洲热带。本种在中国仅见于云南南部，仅有黑喉织布鸟和黄胸织布鸟2种。

价值：织布鸟可作为笼饲养鸟以供观赏。

织布鸟喜欢群居，因此它们常常把窝建在同一颗树上。少则三位三五只，多则几百只织布鸟一起劳作，成果是非常惊人的。转眼间织布鸟的“公寓”就在一棵枝繁叶茂的大树上遮天蔽日了。织布鸟大师的工作与白蚁不同，它们的建筑过程更为细致。这种差异不仅体现在“建筑师”的建筑风格上，还与建筑材料有关。织布鸟的“公寓”看起来柔软而温馨。

为爱筑巢的鸟类——园丁鸟

园丁鸟属雀形目，园丁鸟科。园丁鸟是中型鸣禽，体羽光亮，雌雄异色，食昆虫和果实，叫声像铃声。园丁鸟是鸟类中的“建筑师”，雄鸟在求偶时用树枝搭建“凉亭”，并用色彩鲜艳的小物品装饰其间。园丁鸟的分布限于新几内亚及澳大利亚等地，有8属20种。

生活习性

雄园丁鸟总是会想尽一切办法去吸引雌园丁鸟。它会建造一间精致的巢穴，周围饰以蜗牛壳、羽毛、花朵或真菌类植物等小物件。而且，雄园丁鸟会选那些颜色与雌鸟羽毛颜色相同的物件来做装饰。

如果附近有人类居住，雄园丁鸟会寻找一些玻璃、瓶盖、纸片、破布、金属丝、彩色毛线之类的东西，添加到其精心之作上去。有时，它甚至会叼来钻石。它也会从其他园丁鸟的巢里偷东西，或者破坏其他鸟的巢。当巢穴完工时，它就会带雌鸟前去参观。

如果雌鸟被这个巢穴打动了，它将会与这只雄鸟交配。吸引雌鸟的不仅仅是雄鸟用了多少东西搭建，还要看这些东西是怎样的独特。奇怪的是，雌鸟交配后会独自去搭建一个巢，不用雄鸟帮任何忙。它将在这里养育1～3只幼鸟。

园丁鸟通常举行“结婚仪式”就得请琴鸟来配合。它们是鸟族合作的模范。

由于种的不同，它们修筑的建筑物有很大不同，装饰品的选择和求婚仪式也相当多样。

生长繁殖

居住在澳大利亚东部雨林中的紫园丁鸟，当雄鸟发育成熟后，早在交配季节到来之前，就开始营建鸟巢以吸引配偶。它先在林间空地上选择一个树荫不太浓的地方，清理出一块1平方米左右的空间，用一束束的树枝插成互相平行的两行，筑成一条通往鸟巢的几十厘米长的林荫甬道，然后着手修筑鸟巢，并选择黄绿色的枝叶、蓝色和黄色的花、蓝色的浆果和鹦鹉的羽毛进行装饰，有时甚至还会从附近居民

家里找来玻璃珠、纽扣、彩色毛线和金属丝来做装饰品。它还用蓝色浆果的果汁给鸟巢内部缀色。它们把门开在鸟巢南端，这样可吸收更多的阳光。在门前的空地上，铺着细枝和青草，里面有各种各样的收藏品，包括叶、花、果、蘑菇、石英、小刀、叉、剪、眼镜、钱币、贝壳等，这些都是它求爱时向雌鸟炫耀的资本。当那些鲜花和浆果干枯后，紫园丁鸟就用新鲜的来代替。它们总是尽可能地增加自己的收藏，甚至相互偷窃。一旦有雌鸟来到漂亮的鸟巢前，雄鸟便兴高采烈，围绕着鸟巢转，向对方介绍“洞房”的华丽，同时跳起优美的求婚舞，用嘴捡起各种精致的珍品让雌鸟观赏。这种求爱表演一直进行到赢得雌鸟的爱慕，然后双双进入“洞房”。

园丁鸟的鸟巢仅仅是为求婚而设计的洞房，实际上孵卵巢是婚后由雌鸟修筑的。这是一种杯形巢，建在离亭子几百米远的空地上或树枝上。雌鸟单独孵卵和照顾后代，而雄鸟则继续忙于修饰鸟巢，引诱别的雌鸟。

园丁鸟是大自然的骄傲，它创造了鸟类世界上最华美的爱的小屋，科学家们也为它高超的建筑技巧与多变的建筑风格而倾倒。它既是伟大的，“建筑师”，又是“优秀的室内设计师”。

建筑技术高超的棕灶鸟

棕灶鸟体形较大，颈椎15枚。鸣肌不发达，离趾型足，趾三前一后，后趾与中趾等长；腿细弱，跗跖后缘鳞片常愈合为整块鳞板；雀腭型头骨。筑巢精巧，建圆拱形泥巢。

棕灶鸟栖息于次生丛林、草坪及农地，多集群生活及繁殖。它是阿根廷的国鸟。阿根廷人对棕灶鸟极为偏爱，认为棕灶鸟筑巢独具特色，形似“面包烤炉”。人们赞赏它“建筑技艺”高超，并喻其为“面包师”，棕灶鸟也因此赢得人民的普遍宠爱。棕灶鸟主要分布于阿根廷、玻利维亚、巴西、巴拉圭和乌拉圭。

外形特征

棕灶鸟体长16～23厘米，体重31～65克。尾巴方形，喙很直。冠褐色，喉咙白色，上体羽毛呈红褐色，飞羽略灰暗，尾巴红褐色，下体是一种略带苍白的棕黄褐色，雄鸟及雌鸟相似，幼鸟下身颜色稍淡。它们的体形随分布由北部至南部逐渐变化。腿细长，适合在开阔的草原上生活。

绝大多数鸟类的巢穴都使用嫩枝搭建，四面通风，相比之下，南美洲的棕灶鸟则是一个另类，会在树上建造土窝。它们收集泥土和粪便，在高枝上建造一个碗状巢穴。在阳光的烘烤下，巢穴逐渐变硬，能够承受棕灶鸟在里面产卵。它们的巢穴往往建在背风处，以防止被大风吹垮，同时也能经受住其他恶劣天气考验，是一个理想的避难所。

拥有高超建筑技术的南美洲棕灶鸟是鸟类“建筑师”中的翘楚。它们建造的“家”温暖舒适，坚固无比，是所有鸟巢中独一无二的杰作。它们先在水平的粗树枝上、栅栏的柱子上或房顶上，用混合了粪便的大块黏土打地基，然后砌墙，垒出圆形的巢顶。棕灶鸟的建筑像圆圆的炉子一样，有椭圆形的巢门，室内铺着柔软的“地毯”。巢墙在阳光的“烘焙”下，变得像石头一样坚固。

栖息环境

棕灶鸟常见于热带稀树草原、次生丛林、草坪、牧场和耕地，也常见于人类居住区。

生活习性

棕灶鸟主要吃昆虫及其他节肢动物，偶尔也吃植物，如种子和果实。棕灶鸟在地面上步行觅食，鸣叫的声音是快速的颤音。在雌雄对唱的时候，雄鸟节奏快而雌鸟略慢。若同为两个雄鸟，它们会一边鸣叫一边拍打翅膀击败对方，拍击翅膀的速度和它们发出的颤音同步。

鸟巢的编织高手——吸蜜鸟

吸蜜鸟，雀形目吸蜜鸟科动物，170种，有几种是澳大利亚、新几内亚和西太平洋岛屿最常见的鸟类。吸蜜鸟长10～35厘米，黄褐色，头部斑纹精细，与众不同。嘴细长，略下弯，舌管状，末端刷状。成对或成小群活动，以花蜜、昆虫和果类为食。

外形特点

吸蜜鸟嘴细长而弯曲，舌能伸缩，尖端呈刷毛状，用以吸取花蜜；羽毛多呈华丽色彩，尾型多样，有些种有长的中央尾羽；栖息于森林中，食物为昆虫、浆果和花蜜。吸蜜鸟主要分布于澳大利亚及太平洋诸岛，在非洲南部另有2种食蜜鸟。吸蜜鸟是澳大利亚

鸟类中种类最多、最常见的一类，有些种类如黑头矿鸟是澳大利亚东部大城市中常见的鸟类。

建筑高手

吸蜜鸟种类繁多，但是真称得上建筑高手的却只有两种，它们是东尖嘴吸蜜鸟和蓝脸吸蜜鸟。东尖嘴吸蜜鸟是编织杯形鸟巢的高手，它们善于运用树枝、嫩叶、树皮或羽毛等建筑鸟巢的材料，在离地约1～5米的枝丫间共筑杯形爱巢，以供孵化白色斑点的鸟蛋及哺育幼鸟。蓝脸吸蜜鸟则擅长材料回收，变废为宝。它们常常把其他鸟类废弃、无法居住的旧巢翻修重建。

唾液筑就“燕窝”——金丝燕

金丝燕是一种轻捷的小鸟，分布在印度、东南亚、马来群岛，营群栖生活。燕窝，就是金丝燕用唾液黏结羽毛等物质为自己和孩子搭建的巢穴。

金丝燕特征

金丝燕的跗跖全裸或几乎完全裸出，尾羽的羽干不裸出。金丝燕大致分15种。一般都是轻捷的小鸟，比家燕小，体质也较轻。雌雄相似。嘴细弱，向下弯曲；翅膀尖长；脚短而细弱，4趾都朝向前方，不适于行步和握枝，只有助于抓附岩石的垂直面。羽色上体呈褐至黑色，带金丝光泽，下体灰白或纯白。

在已知的鸟类中，只有某些种类的金丝燕和油鸱能像编

蝠那样用回声定位法在黑暗的洞穴中找路。其声呐由频率为1500~5500赫（人耳能听见）的咔嗒声组成，每秒约6次。它们能在全黑的洞穴中任意疾飞。

金丝燕的巢呈小托座状，有时有一点蕨类和树皮，可能黏附在树或峭壁上，但通常建在山洞或海岸洞穴中。金丝燕的鸟群可多到100万只。褐腰金丝燕、灰腰金丝燕、爪哇金丝燕和方尾金丝燕用以造巢的唾液一经风吹就凝固起来，形成半透明的胶质物，这些胶质物就是人们常说的名贵的滋补食品燕窝。燕窝分白燕窝、毛燕窝、血燕窝、燕根等。白燕窝是金丝燕初次做的窝，质纯而洁白，为燕窝中的上品。

金丝燕分布

产燕窝的金丝燕大都分布在印度、东南亚、马来群岛，营群栖生活。产于马来西亚沙捞越的方尾金丝燕，仅在尼亚海滨的一个大崖洞里就有200万只以上，可算是金丝燕数量最大的集居点。中国西部、西南部以至西藏自治区东南部均产有短嘴金丝燕，但它们不出产可供食用的燕窝。海南省的大洲岛上爪哇金丝燕可生产食用燕窝，但数量有限。

繁殖周期

金丝燕会在小金丝燕飞离后（空巢期）约30天，再进行第二次的筑巢。金丝燕每次的筑巢都是重新筑巢，若前次筑的巢尚在，金丝燕会在原有的窝上面再筑一次巢，并不会因前次筑的巢还在而不再筑新巢，所以采收燕窝并不会造成金丝燕无家可归。

金丝燕怎样做燕窝

金丝燕生活在亚洲热带地区的海岛上，我国南海的岛屿上也有它们活动的踪迹。它体长约18厘米，暗褐色的羽毛间闪现出金丝光泽，首尾犹如燕形，因而得名金丝燕。

每年春天，金丝燕开始做窝繁殖后代。它的咽部有非常发达的舌下腺，能分泌出很多有黏胶性的唾液，这是做窝的主要材料。它们把唾液从嘴里一口一口吐出，积少成多。在山洞潮湿的空气中，这些唾液自然凝结干固起来，经过20～30天，一个洁白晶莹、直径6～7厘米、深3～4厘米、形状如碗碟一般的小窝做成了，这就是燕窝。

金丝燕在一年中能做几次窝。金丝燕第一次做的燕窝完全是由唾液凝成，颜色雪白，营养价值最高，是燕窝中的上品。当人们把第一次窝采去以后，它们便毫不犹豫地立即开工做第二次窝。然而这次唾液已没有那么多了，金丝燕只得把身体上的绒毛啄下，和着唾液黏结而成，这种窝质量没有第一次的好。当第二次窝被采走以后，勤劳的金丝燕又接着赶做第三次窝，这次就更为困难了，它的唾液只剩下很少一点，身上的绒毛也不多了，但顽强的金丝燕不气馁，飞到海边一口口衔来海藻和其他植物纤维，混以少量的唾液，再一次把窝做成。当然，这种窝的质量就更差了。此时，采窝人也就适可而止，不再继续采了，否则便会影响下一年燕窝的产量。

采集燕窝要冒很大风险，必须爬上悬崖峭壁才能采集到。由于燕窝比较难得，价值自然也就特别贵，所以被东方人视为珍品。

地下挖掘工——裸鼹鼠

裸鼹鼠是一种分布于东非部分地区的挖掘类啮齿目动物，是分类于裸鼹鼠属下的唯一物种。它是仅有的两种真社会性哺乳动物之一，另外一种是达马拉兰鼹鼠。裸鼹鼠有着一系列不同寻常的令它可以在粗糙的地下环境里兴旺发达起来的身体特征，包括皮肤痛觉的缺失和极低的代谢率。

裸鼹鼠早在1842年就已被科学界发现并命名了，但是直到20世纪80年代才被发现是一种奇特的真社会性哺乳动物，之后，才逐渐地被研者重视。

裸鼹鼠喜欢团结合作，与同类一起从事伟大的建筑事业。它们成群地集结在某片中意的土地上，实施它们的建筑规划。第一步，磨尖它们的挖掘工具——那两颗颇具喜感的大门牙。第二步，开始工作，它们没有痛感神经，因此地下尖利的岩石无法阻止它们的动作。它们挖掘的隧道纵横交错，极为复杂，中央宽敞处是它们的居室。

形态特征

在所有非洲鼹形鼠中，裸鼹鼠是体形最小的。裸鼹鼠其实并不全裸，在它们的身体两侧，从头到尾长着大约40根像猫的胡须一样的长毛。它们并不是皮毛的残余，而是对触觉极其敏感的触须，触动其中任何一根触须，都能让裸鼹鼠把头伸向刺激点。

裸鼹鼠靠这些触须来辨认方向的，前进时，摆动头部，后退时，则摆动尾巴。这些动作都是为了让触须触摸到隧道壁，就像我们在黑暗的地道中用手扶着墙壁走一样。

物种特性

★冷血动物

裸鼹鼠虽然是哺乳动物，却和冷血动物一样，主要通过与环境的热交换来调节体温：要升温，就跑到上层的洞穴，紧贴被太阳晒热的墙壁；要降温，就躲到寒冷的底层洞穴。

它们有时也通过扎堆挤在一起取暖。它们的皮肤为此变得裸露无毛，因为皮毛不仅不再能起到调节体温的作用，反而会妨碍热交换。和天气多变的地面相比，地下冬暖夏凉，温度变化不大。保持恒定体温对生活在地下的裸鼹鼠来说，就显得不是那么重要。

★低代谢率

裸鼹鼠的身体体积（也即产热总量）大约是达马拉兰鼹鼠的20％，但是身体表面积却大约是达马拉兰鼹鼠的40％，这样，散热速度就是其2倍。裸鼹鼠如果要像达马拉兰鼹鼠那样维持恒定的体温，就必须以2

倍的速度加速产生体热的代谢过程，以增加体热的产生弥补体热的散失。这就需要大量地摄入食物和氧气。

裸鼹鼠的食物主要是低能量的块茎，又因为它生活的地下环境中氧气又非常稀薄，因此，裸鼹鼠要付出高昂的代价才能保持恒定的体温，所以它也就不再试图去维持恒定体温，转而尽量降低基础代谢率节省能量。裸鼹鼠的基础代谢率是所有哺乳动物中最低的，与爬行动物的基础代谢率相当。

★痛觉缺失

裸鼹鼠的触觉特别敏感，它们的皮肤中少了一种基本的化学物质——P物质。P物质作为一种神经递质，有多项功能，最主要的一项功能是把疼痛信号，从周围神经传导到中枢神经，从而在大脑皮层中产生痛觉。科学家帕克等人通过实验证明，裸鼹鼠对疼痛的麻木是由于缺乏P物质导致的。

★丧失视觉

裸鼹鼠终身生活在黑暗的地下，眼睛派不上用场，主要靠触须来辨认方向。因此，它们的眼睛高度退化，几乎完全丧失了视觉。裸鼹鼠的大脑皮层中负责视觉的区域大大减小，感受触觉的区域得到强化。

★耐受高浓度二氧化碳

P物质还有其他的功能，其中一个功能是让血管舒张。在其他哺乳动物中，高浓度的二氧化碳会导致P物质被释放到肺血管中，让肺血管舒张，发展下去就会导致肺水肿、死亡。实验表明，裸鼹鼠由于没有P物质，对二氧化碳有极强的忍受能力。在二氧化碳浓度达到15％时，小白鼠就出现了严重的肺水肿，但是二氧化碳浓度增加到50％时，裸鼹鼠还没有出现肺水肿的迹象。

★长寿

裸鼹鼠有长达30年以上的寿命，远长于其只有4～5年寿命的近亲——大鼠和小鼠，同时还能在低氧、高二氧化碳浓度的地下环境中生活，对癌症具有超级免疫力。

隧道建筑大师——草原犬鼠

草原犬鼠也常被称作土拨鼠，是一种小型穴栖性啮齿目动物，原产于北美洲大草原，当地人称之为草原犬。如果算上短尾巴，土拨鼠身长平均为30～40厘米。土拨鼠栖息在美国、加拿大和墨西哥。在美国，土拨鼠主要产于密西西比河以西，但在东部几个地点亦有发现。

生态特征

草原犬鼠习惯群体的生活，即使多只在一起也不会打架。草原犬鼠经常出现在生态影片中，是很受欢迎的可爱动物。它站立及坐下的动作，格外可爱，很容易被人驯养。尾巴会如狗般摆动，也很惹人喜

爱。食物以植物为主，仓鼠的人工饲料与狗食等也是不错的选择。虽然市面有成对出售，但繁殖仍相当困难。

草原犬鼠是一种十分有趣的动物。这种鼠类特别喜爱亲吻，一位从事了25年犬鼠习性观察的生物学家认为，犬鼠是用这种方式来进行接触，以便互相辨识。这在鼠类动物中是极为少见的。

草原犬鼠为多种肉食动物，如赤褐鹰等各种鹰类、狐狸、蛇、黑足雪貂等的取食对象。尤其是美国的珍稀动物黑足雪貂几乎全靠捕食草原犬鼠和居住其洞穴为生。草原犬鼠极善挖洞，它们挖成的洞穴往往成为蛇、兔子，甚至蝾螈、甲虫类的防身、居住场所。一些植物学者认为，草原犬鼠是一种自然施肥者，它们可以连续不断地修剪草原，使草原增加蛋白质的含量和草的分解能力。但是，美国的农场主们却很讨厌这些草原犬鼠，原因是它们挖洞破坏草场，而且每年要吃掉约7%的草场饲料。

草原犬鼠是草原生物链中的重要一环，它们吃植物，同时又为其它肉食动物提供食物来源。犬鼠的数量下降，是导致黑足雪貂濒危的重要原因。目前草原犬鼠保护者们采用的方法是，人工捕捉犬鼠后送往丹佛附近的落基山区野生动物保护区，在那里，它们可以自由而安全地生活。

在美国的蒙大拿、怀俄明和丹克塔斯等地都已建立了专门的草原犬鼠保护基地。在志愿者与动物保护人员的努力下，已将近700只犬鼠转移至这些保护区中。一些生态学者指出，重建草原犬鼠的生态体系需要用上百万亩草地。可见一个地区的生态系统可以在短时间内被“轻而易举”地破坏，但要修复却需要几代人的不懈努力，北美草原犬鼠的逐渐消失就是一个很好的例证。

草原犬鼠是高度社会化的动物，一般来说，一个草原犬鼠的家庭包括1个雄性和2～4个雌性，以及大批的幼兽。草原犬鼠家庭中的雌性似乎有相当严格的等级，“大奶”“二奶”“三奶”顺序井然。一个家庭大概占地2公顷左右（其实园子里连200平方米都没有），有一套基本独立的地道系统。这2公顷下面充满了最深可以挖到5米的地道。草原犬鼠主要用前肢挖掘土地，后肢往外蹬土，还会将洞口修得高出地面并敲实以防进水，洞口附近会有躲避敌害的避难室，再往下还会有储藏室、居住室、厕所等，一般地道尽头还有铺了柔软草垫的主巢，基础设施相当完善。

草原犬鼠至少在生育方面是很不正常的鼠类。一年只发情几个小时；每只雌鼠只产一窝，两三只幼鼠；而且到三岁才会性成熟。到了三岁，成年了的草原犬鼠就会被赶出家门，去建立自己的新家庭或者去占领户主死亡的家庭。

草原犬鼠的社会结构保持得很好，草原犬鼠几乎均匀分布，领地一代代地传下去，似乎一直生机旺盛。据说100多年前20世纪开始的时候，北美大地上大概有500亿只此类动物在钻山打洞。

洞　穴

犬鼠的洞穴有两个出口，一个是平的，而另一个则是隆起的土堆，隆起土堆的洞口气流速度大，压强减小，因此在此洞内外会产生压强差，这样洞口上下方的压力差形成一个向上的压力，使气体朝此隆起土堆的洞口流出。同时洞内气压逐渐降低，另一洞口上方气压较高，所以气体又会从这一洞口流进。地面上的风吹进了犬鼠的洞穴，给犬鼠带去了习习凉风。

草原犬鼠是美国的“常住居民”。在美国人还没有开垦土地的时候，它们已经在那里建立了自己的家园。它们在草原上建造了最棒小房子，草原上的犬鼠城市。若你有幸来到地下，你会发现它们的隧道建筑无与伦比。把这些草原犬鼠的隧道都连接起来，将是一个地下大都市，那里的居民数量甚至能够让人类大都市里的居民都自愧不如。

蛾类建筑师——石蛾

石蛾属昆虫纲毛翅目，成虫称为石蛾，幼虫叫石蚕。石蛾幼虫生活在湖泊和溪流中，偏爱较冷而无污染的水域，其生态适应性相对较弱，是显示水流污染程度的较好的指示昆虫。石蛾又是许多鱼类的主要食物来源，在流水生态系统的食物链中占据重要位置。

外观特点

石蛾通常呈晦暗的浅褐色，见于淡水环境，常停留于水体边缘的植物体上。特征为具翅上被毛，如屋脊状折叠于腹部之上；触角长。分布于全世界的淡水生境，少数种类见于咸淡水环境和潮区。在约1.85亿年前的地层中保存着石蛾丰富的化

石。

石蛾身体分为头、胸和腹3部分。头部有口、触角和眼。口器适于舐吸液体食物，通常大颚不发达，有舌。触角极长（长度常大于展翅），分节。眼相对较小。胸具步行足。翅两对，但飞行力弱且不稳定。大部分石蛾夜间飞行，又如蛾类一样为光亮所吸引。日间飞行的种类常成群飞行。大部分以植物汁液和花蜜为食，但少数种为掠食型。

繁殖规律

石蛾雌体将卵产在水中，或产于水面上或水面下的岩石和植物上。数日后幼虫——石蚕——孵出，均生活于淡水中，以藻类、植物或其他昆虫为食，食性依种而异。多数幼虫自行以沙粒、贝壳碎片或植物碎片筑成可拖带移动的巢壳。唇腺分泌丝质物质，用以将这些材料黏结成壳。巢壳通常管状，两端开口，覆盖幼虫的腹部，而其被甲的头部和胸部突出于巢壳之外。许多幼虫经过一个发育阶段后，将巢壳黏附于固体物质上，将其两端封闭，在其内部化蛹；另一些种类则另建一个茧。蛹发育成熟后将巢壳或茧切穿或咬穿，游到水面完成变态，变为成虫。

筑窝规律

在西弗吉尼亚的冬天，如果人们仔细察看水中的叶子，你会发现石蛾在上面留下的痕迹。这片叶子现在已经变成了石蛾的家，石蛾幼虫就是我们所说的建筑专家，因为它们能用任何东西造房子。这些与众不同的建筑师都是素食者，所以它们需要找到一种方式来躲避可怕的食肉动物。它们会建造一个小房子以便把自己伪装成河床的一部分。如果建筑材料太大，它们就会用有力的双颚把它快速切割成适当的形状，然后，它们会用唾液当胶水，通过分泌一种丝状的液体将各种建筑材料黏合起来。石蛾会把这些东西，黏合成它们的活动房屋。作为一名“伪装大师”建造的小房子，常常能骗过那些饥饿的捕食者。

稍做加工，石蛾的住所就会

变成一种独特的珠子，成为人类制作珍宝的最佳原材料。在这个过程中，不会伤害到石蛾。因为无论再怎么漂亮的房子，对石蛾的成虫来说都已经变得毫无价值。要知道，离开水以后，成虫满脑子想的不是建房子、不是找吃的，而是去交配。一些石蛾只能活几天时间，所以它们会迫不及待地寻找配偶。

独特的建筑师石蛾的建筑多少有些简陋，它们对居住环境与居住品质的要求不高，它们更注重住宅的实用性。事实上它们能用任何东西造房子，只要这有助于躲避可怕的食肉动物即可。它们会在河床上建房子，只为了把自己伪装成河床的一部分，躲避各种危险。

水上豪宅的建筑者——灰树蛙

灰树蛙是一种在树木栖息的小型蛙类，大多是来自美国。有时灰树蛙亦被称为北美俗树蛙。

特 征

灰树蛙是因其身体的主要颜色为灰色而得其名。它们可以是呈浅或深灰色，或是呈浅灰色加上深灰色、黑色、黄色或绿色的斑纹。跟其他北美洲的无尾目物种相比，它们的体型较为小，一般长不超于4到5厘米。它们的皮肤粗糙，表面有疣。事实上它们跟可普灰树蛙是一样的，唯一的不同之处只是叫声的分别。可普灰树蛙的后腿均有橙色的斑点，这是它们跟其他树蛙的明显相异之处。这两种

树蛙均是两性异形的。雄性的灰树蛙的颈部呈黑色或灰色，而雌性的颈部则呈较雄性浅的颜色。

灰树蛙的蝌蚪身体滚圆。若环境的条件好，食物充裕的话，它的变态过程可短达2周。在变态时，小灰树蛙通常会有一两天变为绿色，而这以后，它们才会变为灰色。

分布地及行为

灰树蛙分布的范围很广泛，在美国东部，即西至德克萨斯州中部的大部分地区均可找到它们。它们亦分布于加拿大安大略省、曼尼托巴和新伯伦瑞克。灰树蛙主要是在树木栖息的，一般都不会离开固定水源太远。在下雨的晚上，它们时常会在池塘的浅水区中鸣叫。它们是夜行性动物，主要的食物为昆虫，而这些昆虫通常都是它们有能力捕捉的小型节肢动物。它们会在春夏两季节进行交配。

灰树蛙的住所真可谓是“水上豪宅”。它建筑的“大厦”安全性强、透气性好，最主要的是可以透过墙壁、屋顶观赏到大自然的风光。这座“大厦”其实就是漂浮在水面上的气泡。它看起来有些简陋，甚至有些微不足道，但这却是灰树蛙为孩子用心打造的爱巢。“大厦”的原材料来自母体。雌蛙在排放卵子让受精时，皮肤会分泌出一种泡沫状液体，这些液体就像混凝土一样成为蛙卵可以遮风避雨的安乐窝，几个星期后，用这些液体造的房子开始溶解，小宝宝就能安全坠入水中了。